高等院校设计类专业"十三五"规划教材

环境设计

家具设计

（第3版）

FURNITURE DESIGN

刘文金　唐立华　邓昕　主编

湖南大学出版社·长沙

内 容 简 介

从家具设计理论、家具造型设计、家具技术设计、家具设计表达等几个方面介绍家具设计的基本知识、基本原理和方法。

从设计的视角去看待家具和家具设计，以形态学理论为基础分析家具的功能形态，以形式美法则为理论依据分析家具的造型设计。

本书为高等院校设计艺术专业研究生、本科生教材，亦可为家具设计爱好者的参考书目。

图书在版编目（CIP）数据

家具设计/刘文金，唐立华，邓昕主编. —3版. —长沙：湖南大学出版社，2020.9（2023.1重印）
（高等院校设计类专业"十三五"规划教材·环境设计）
ISBN 978-7-5667-1915-7

Ⅰ.①家… Ⅱ.①刘… ②唐… ③邓… Ⅲ.①家具–设计–高等学校–教材 Ⅳ.①TS664.01

中国版本图书馆CIP数据核字（2020）第160215号

家具设计（第3版）
JIAJU SHEJI（DI 3 BAN）

主　　编：刘文金 唐立华 邓昕
责任编辑：胡建华　　　　　　　　责任校对：尚楠欣
印　　装：湖南雅嘉彩色印刷有限公司
开　　本：787 mm×1092 mm　1/16　　　印　　张：14.25　　　字　　数：370千字
版　　次：2020年9月第3版　　　　　　　印　　次：2023年1月第2次印刷
书　　号：ISBN 978-7-5667-1915-7
定　　价：68.00元

出 版 人：李文邦
出版发行：湖南大学出版社
社　　址：湖南·长沙·岳麓山　　　　　邮　　编：410082
电　　话：0731-88822559（营销部）　88821251（编辑室）　88821006（出版部）
传　　真：0731-88822264（总编室）
网　　址：http://www.hnupress.com　　http://www.shejisy.com
电子邮箱：hjhhncs@126.com

丛 书 编 委 会

总主编：朱和平

参编院校：

长沙理工大学

东华大学

东南大学

福州大学

赣南师范学院

广东工业大学

贵州师范大学

哈尔滨师范大学

河海大学

河南工业大学

湖北工业大学

湖南城市学院

湖南大学

湖南第一师范学院

湖南工业大学

湖南工艺美术职业学院

湖南科技大学

湖南工商大学

湖南涉外经济学院

湖南师范大学

吉首大学

江苏大学

江西科技师范大学

昆明理工大学

洛阳理工大学

南华大学

南京航空航天大学

南京理工大学

内蒙古师范大学

青岛农业大学

清华大学

山东工艺美术学院

深圳职业技术学院

首都师范大学

天津城建大学

天津工业大学

天津理工大学

天津美术学院

西安工程大学

湘潭大学

浙江工业大学

郑州轻工业大学

中南林业科技大学

中原工学院

作者简介

刘文金，中南林业科技大学家具与艺术设计学院院长、二级教授、博士生导师、高级室内建筑师。

中国工业设计协会资深会员，湖南省工业设计协会副会长。湖南省政府学位办艺术学学科评议组成员。中国建筑学会室内设计分会（CIID）暨国际室内设计师学会（IFI）专家委员会委员。中国林学会集成家居分会副主任委员。中国家具协会设计专业委员会副主任委员。

从事工业设计教育、家具设计理论研究和设计实践工作。获省级以上科研、教学奖励6项。获"中国工业设计十佳教育工作者""中国家具设计突出贡献""中国家具行业杰出贡献"等荣誉称号。曾主持国家重点研发计划项目等国家级科研课题5项。公开出版《当代家具设计理论研究》《家具设计》《木材与设计》等专著5部，公开发表研究论文100余篇。设计作品多次获国际产品博览会金奖。

唐立华，中南林业科技大学家具与艺术设计学院教授，设计学、艺术设计（专业学位）硕士研究生导师。

主要从事家具、家居饰品、非物质文化遗产创意产品等产品设计的教学、研究和开发。承担"人机工程学""产品创新设计原理"等本科生、研究生课程。近年来，主持和参与国家级科研课题3项、省级科研课题6项。出版专著3部，发表EI源刊、CSSCI收录、中文核心期刊论文20余篇。获新型实用和外观设计专利授权多项。参与各项社会服务工作，被多家企业聘为产品设计技术顾问。

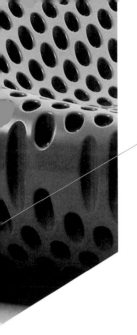

Preface

总序

时至今日，科技的进步使人类进入了"微时代"，微博、微信、微电影、微阅读等传播媒介已成为人们生活中信息交流的主要方式。信息传播媒介的微量化、迅捷化，使我们可以随时随地发布和共享各自的生活体验和情感动态。人们对这种交流方式的青睐和普遍接受，彰显的是对生活细节和个体存在感的关注和重视。设计在这样的生活方式和生命存在的诉求之下，也应该及时转变发展的理念和思路，切实做到与时俱进、与生活接轨。毕竟设计是服务于功能和生活的！正因为如此，艺术创作所注重的灵感在设计中不是起关键作用的，设计需要面对现实、面向未来的特性决定了凭空想象是徒劳无益的！

纵观东西方设计历史上那些经典、优秀的作品，它们都是基于现实生活的求真、求善、求美，是时代经验和生活智慧的表现。在注重个体存在、强调情感体验的当下，设计面临着对传统的扬弃和对未来的探索，需要不断调适，在美化生产、生活的过程中，最大限度地推动社会经济的稳定健康发展。唯有如此，当代中国的设计才能受到最广泛的中国大众的肯定，才能拥有更为广阔的表现与展示空间，才能从真正意义上体现为大众服务的民主精神。

中国的现代设计教育，在经历了几十年的发展之后，已步入了一个十分关键的时期。这是因为：一方面，我们对西方的设计教育在经历了因袭、学习、撷取等环节和过程之后，正朝着适合我们民族心理、民族文化和民族生活的新的设计之路发展；另一方面，西方发达国家现代设计教育体系的构建和完善，其内在规律和外部规律的具体内涵，需要我们结合本民族的存在时空去学习和把握。所以，在我国业已步入设计大国的大潮时，中国的设计事业仍任重而道远。在整个设计体系中，不言而喻，设计教育起着决定性作用。作为培养高层次设计人才摇篮的高等院校，更应该将培养高质量、符合时代发展的人才作为首要任务。人才培养质量固然取决于办学理念和思路的转变，但具体落实还是在教学上。众所周知，教学质量的高低取决于教和学两个方面互动的好坏。良好的互动对教师而言，是个人才（智力）、学（知识）、识（见解）和敬业精神的体现；对学生来说，是学习态度、方法和个人悟性的体现。师生之间，能够沟通或者说可以获得某种互补的媒介应该是教材。所以，中外教育，无论是素质教育还是精英教育，都十分重视教材建设。

近年来，国内的设计类教材可谓汗牛充栋，但水平参差不齐。其不足主要表现在：一是没有体现设计教育的本质特征；二是对于设计和美术的联系与区别描述得含糊不清；三是缺乏时代性和前瞻性；四是理论阐释和实践操作缺乏有机联系。基于这种认识，我们于2004年组织清华大学、江南大学、湖南工业大学等30多所院校的有关专业教学人员编撰出版了一套"高等院校设计艺术基础教材"，品种近30个。该套教材自问世以来，在高校和社会上反响良好，但一晃十多年过去了，无论是社会还是设计本身，都发生了翻天覆地的变化，简直是"物非人不是"。特别是根据2011年艺术学从文学门类中分离出来成为第13个学科门类以后，设计学上升为一级学科等变化，对原有教材进行修订乃至重写自然势在必行。基于此，我们在原有教材的基础上，重新审定、确立品种，进行大规模的修改和编撰。这次教材编撰，努力探索解决以下问题。

第一，围绕设计学作为一门独立学科发展这一根本需要，力求将设计与艺术、设计与技术、设计与美术有机融合，在体现设计学本身兼具自然科学和社会科学的客观性特征的同时，彰显设计学独立的研究内容和规范的学科体制。

第二，坚持专业基础理论与设计实践相结合。在注重设计理论的提炼、总结和升华的同时，注重设计实践的案例分析，体现设计教材理论与实践并重的特点。

第三，着力满足从西方设计教育体系到中国特色设计教育体系初步形成这一转变的要求，构建适合中国传统文化与当代科学技术相结合的设计知识体系，使其在特定教育实践中具有切实的可行性与可操作性。

第四，适应设计学多学科交叉融合所面临的问题，将重点置于应如何交叉、如何综合的探索上，因为在设计学中由学科的交叉融合而形成的专业细分，要求将多种学科中的相关理论知识渗透其中。

参与此次教材修订和撰写的大多是在专业设计领域卓有成就、具有丰富教学经验的学者，但限于设计所根植的时代、社会的不断变迁，以及设计本身创造性、创新性的本质要求，本套教材是否达到了预期的编撰目的和要求，只有在广大教师和学生使用之后，才能有一个初步的结果。因此，我们期待设计界同仁的批评指正，以便及时进行修订和完善。

朱和平

Contents

目录

4 家具技术设计

5 家具设计的表现形式

Contents

1

家具设计概论

设计的概念
家具设计文化基础
家具设计

Furniture
Design

设计是人类特有的一种创造性活动，目的在于改善人们自身的生存环境和生活条件，它应遵循某种规律，适应于某些条件。设计是一种有意识的活动。因此，对设计的研究就像是探讨其他诸如数学、力学等学科的学术一样，也是一门学问。

按照设计的目的和设计的最终物化形式来分析的话，设计的类型不胜枚举。因此，研究设计的学问可以分门别类地进行。但有一点需要重点说明：所有设计活动具有许多共性的东西。就好像人们通常所说的"艺术是相通的"一样，尽管设计类型千差万别，但不同类型的设计有许多共同的规律。

家具是一种与人们的生活行为密切相关的常见的用品，家具从它产生的那一天开始就无疑是经过设计了的。随着社会的发展，家具的内涵、功能、品系、意义也随之发生了巨大的变化，它不再是一种简单的"供人们坐、卧等基本生理行为的器具"，就好像当代建筑绝不是一种原始的"遮风避雨的场所"，而已经具有了某种超脱"房子"的意义一样，当代家具也同样具有了不同于"一般生活器具"的意义。从这一点上来说，研究家具设计与研究建筑设计的意义没有本质的区别。

家具是一类具有特殊性的物质形式，家具具有它特有的文化意义。家具设计是一种在普遍设计规律指导下的有针对性和有特殊要求的一类设计活动。因此，研究家具设计才具有了意义。

1.1 设计的概念

从人类开始有尊严的生活开始，设计活动就无处不在。从广义来理解设计，可以认为人类的一切具有创造性的活动都可称为设计，它既包括人们建设和改造社会的一切活动，也包括人类适应、改造、利用自然的一切行为，甚至包括人们日常生活的举止和内容。

1.1.1 设计

设计是一种"规划"。

著名设计教育家莫荷利·纳吉（Laszlo Moholy-Nagy）说："设计不是一种职业，它是一种态度和观点，一种规划（计划）者的态度观点。"可以用设计来规划社会的发展、人与人之间的关系、社会和劳动分工、国家政府的功能、经济发展的策略、人们的生活方式等意识形态领域的内容，也可以来规划设计各种人工产品，包括建筑、机器、日用品等物质生活设施和用品。也就是说，设计是规划社会和文化的行为。

规划（设计）是人类的有意识的活动。任何规划（设计）都必须有它的目的。对社会的规划包含着规定社会价值、人们的道德和行为规范的内容；对物品的规划涉及人与物、人与社会、社会与物的各种关系。因此，有人认为设计是针对目标的"求解"活动。

规划是一种有针对性的活动。这些规划必须要依赖和假设一种人的本质，也称为"人的模型"，用它来说明人的动机和人的追求。在此基础上，再来规划社会的发展与变革，再来规划物品如何为人所用。

规划既是一种具有情感的感性活动，又是一种具有条理和规律可循的理性活动。感性的设计类似于艺术活动，是人的情感的真实反映，同时极具个性；理性的设计类似于科学活动，有具体的方法论指导，有规律可循和有原则可依，同时也具有理性的批评标准。

规划不仅仅指个体行为，更是一种社会性的活动，是文化建设。康德哲学、洪堡新人本位教育思想奠定了德国功能主义设计的理论基础，亚当·斯密的《国富论》影响了英国工业革命的进程，泰勒的管理理论和心理学理论至今还影响着美国当代的工业设计。因此，规划需要全社会的共同参与和共同认知，同时需要全社会为此创造良好的设计环境。调动社会对设计的意义的认知本身就是一种设计。

"规划"与"设计"是同一概念。

1.1.2 艺术设计

黑格尔说：艺术是一种美的艺术，更是一种自由的艺术。只有靠它的这种自由性，美的艺术才成为真正的艺术，只有在它和宗教与哲学处于同一境界，成为认识和表现神圣性、人类最深刻的旨趣以及心灵的最深广的真理的一种方式和手段时，艺术才算尽到了它的最高职责。

手工业时代，艺术泛指生产性的艺术技能，包括艺术活动的能力，也包括生产其他事物的能力，是一种技艺。公元 1 世纪，艺术分为理论的艺术、行动的艺术和产品的艺术三类。1747 年，法国人夏尔·巴托提出"美的艺术"的概念，使艺术的概念系统化。随着时代的发展，艺术的含义被拓广了，不仅精神的东西是艺术，物质的东西也成为了艺术。

因此，艺术分为美的艺术和设计艺术两类。即所谓"纯艺术"和"设计艺术"。纯艺术更注重精神方面，更多的是为了体现艺术的本质，它的功能主要以欣赏和教育为主；设计艺术除了关注艺术的本质以外，它主要以关注人们的实用生活为主，是一种实用功能和审美并重的艺术形式。

艺术设计是人类认识世界和改造世界过程中的一种主观能动性行为，是人类社会发展积累的科学技术、人文历史及审美情趣相融合而产生的一种

改造人类生活环境的造物活动。艺术设计是基于人类现代生活的一种创造性活动，它一方面要反映现代的科学技术成果或者在设计中运用现代科技手段和现代表现手段；另一方面它也必定反映现代人对于生活时尚的需要。

艺术设计的内容包括两个方面：一是结构和功能所体现的内容；二是由装饰、纹样、符号、标志等表现的内容。这两种内容的形式各不相同：一是由功能、结构所体现的形式，这是一种共性的、理性的形式；二是艺术化、装饰化的审美形式，在更大程度上属于个性的、感性的形式。前者是内在的、立体的，后者是外在的、平面的。

1.1.3 工业设计

"工业设计"是由英语 Industrial Design（ID）翻译而来。20 世纪这一名称首先出现在美国，第二次世界大战后广为流传。

工业设计是在国际工业、技术、艺术和经济发展的背景下产生出来的新兴学科。1957 年 6 月在英国伦敦成立了国际工业设计协会联合会（International Council of Societies Industrial Design），简称 ICSID，是联合国科教文组织下设的国际性机构。当时的总部设在比利时首都布鲁塞尔，1983 年第 13 届国际设计会议决定将总部迁至芬兰的赫尔辛基。

1964 年 ICSID 在布鲁塞尔举行的工业设计教育研讨会上，对工业设计作了如下定义："工业设计是一种创造性的活动，旨在确定工业产品的外形质量。""同时，工业设计包括工业生产所需的人类环境的一切方面。"意大利著名设计师法利（Gino Valle）对此提出补充认识，他认为："工业设计是一种创造性活动，它的任务是强调工业生产对象的形状特性，这种特性不仅仅指外貌式样，它首先指结构和功能，它应当从生产者的立场以及使用者的立场出发，使二者统一起来。"

1980 年 ICSID 在巴黎举行的第十一届年会上对工业设计的定义作了如下修正："就批量生产的工业产品而言，凭借训练、技术知识、经验及视觉感受而赋予材料、结构、构造、形态、色彩、表面加工以及装饰以新的品质和规格，叫作工业设计。"根据当时的具体情况，工业设计师应在上述工业产品各个方面或部分方面进行工作。而且，工业设计师对包装、宣传、展示、市场开发等问题的解决需要付出自己的技术知识和经验以及视觉评价能力，这些也属于工业设计的范畴。

从上面对工业设计的定义来看，我们可以探讨工业设计的内涵。

① 广义的"工业设计"几乎包括了"设计"的一切内容，它们属于同一事物与概念。

② 工业设计是人、自然、社会的有机协调的系统科学方法论，是以优化的设计策划来创造人类自身更合理的生存方式。

③ 工业设计是关于人、产品、环境、社会的中介。工业设计的重要使命是产品与人相关功能的最优化，"设计的目的是人而不是产品"，工业设计师应按人类需求去开发新设计、新的工作系统和改善人们的劳动和生活环境。工业设计除满足使用者对产品的需求外，还应考虑产品对环境的影响，考虑批量生产的产品对资源的开发、回收与处理，以协作的姿态去创造、均衡整体产品。

④ 工业设计的本质是创造，旨在创造前所未有的、新颖而有益的东西。工业设计的载体是产品。产品是科学、技术、艺术和经济等因素相融合的结晶。

⑤ 工业设计是人的理性与感性相结合的活动。既强调训练、技术知识、经验等学习和教育过程、知识积累过程，也不否认如视觉感受等人的心理活动、人的"天赋"的重要性。

⑥ 工业设计是对一批特殊的实际需要（如材料、结构、构造、形态、色彩、表面加工以及装饰等因素）的总和得出最恰当的答案。

⑦ 工业设计所指的外形质量并非纯粹的外观式样，而是包括使用需求、生产方便和产品的结构、功能、工艺和材料诸关系的综合。工业设计的重点在于塑造用户界面或使用界面。这说明工业设计思想与工作的目的是有区别的。

⑧ 工业设计也可以是一项具体的工作。完成设计对社会的责任和完成用户对具体设计任务的委托，达到社会、用户、设计师都满意的结果。

工业设计的内涵实质上规定了工业设计的目标、任务、性质，同时也规定了从事工业设计的人们所必须采取的态度、应该具备的知识基础和能力，协调了工业设计工作与社会的各种关系。

这里所要指出的是，如果从工业设计的广义概念来认识它，可以认为工业设计几乎包括了所有的设计类型。社会分工解决了知识的无穷尽和人的精力有限之间的矛盾，从事设计的人们一生中所从事的主要设计工作实际上只是设计工作的某种具体类型，如建筑设计、室内设计、产品设计等。每一项具体的设计工作又都对具体相应的知识基础有较大的依赖性，如建筑设计对建筑材料、建筑结构技术等知识的依赖，产品设计对造型材料、产品加工、产品的使用等方面知识的依赖，等等。因此，通常所说的工业设计更注重与工业产品设计相关的内容。即使是工业产品的设计，其涉及的因素也非常广泛。例如对于金属加工机床的设计，包括动力系统的设计、机械内部传动系统的设计、加工系统（如切削系统等）的设计、机械效率的设计、操作系统的设计、机架等定位系统的设计、外观以及与操作和使用有关的外观的设计等内容，而通常所说的工业设计关注着上述的所有内容，并要求对上述所有内容有初步的了解，但重点是在其他工种的配合下，如在结构设计师、机械设计师的配合下，对产品的外观造型做出科学合理的设计。

1.2 家具设计文化基础

家具是一种常见的物质形态，能满足人们生活需要的各种功能。家具寄予了人们关于审美、关于生活的本质和意义等方面的精神情感。因此，家具不是一种简单的物品，而是一种文化形态。

1.2.1 现代家具意义

对于家具的认识具有典型的"与时俱进"的特征。当人类与其他动物有了根本区别并开始有尊严地生活时，家具成为了人们日常生活的用品，于是就有了家具"是家用的器具"的意义；由于最初出现的家具总是与建筑联系在一起，而且家具主要作为建筑室内空间功能的一种补充和完善，于是有了"家具是一种室内陈设"的基本概念；当人们把自己积累的所有其他的技能用于家具制造并赋予家具有关工艺的审美特征时，人们认为家具是"工艺美术品"；当家具和其他工业产品一样被人们用机器大批量生产时，家具又成为了一种名副其实的"工业产品"；家具被艺术家作为一种"载体"来表达他们的情感和思想并以一种特殊的形式出现时，家具又被认为是一种艺术形式。总之，家具随着社会的发展变化和人们认识事物观念的更新而变化。

由此看来，对"家具"下一个准确的定义是一件困难的事情。

但是，认识家具的概念对家具设计具有十分重要的意义。就像所有从事设计工作的人们认识"设计"一样，意识到"设计"关系到他们对于设计的态度、采取的设计方法并最终影响到整个社会对于设计和设计成果的认识。对于家具概念的不同认识，不仅导致了不同类型的家具设计（如家具艺术设计、家具产品设计等）和家具作（产）品，同时也会影响社会，影响社会生活方式和社会文化。

（1）家具是室内陈设与日常生活用品

家具是一种影响建筑室内空间功能和意义的重要陈设。根据传统的观点，绝大多数的家具出现在建筑室内空间之中并作为建筑居住功能的完善与补充而存在。室内空间中室内陈设的主体无疑是家具。传统室内设计理论认为，"家具作为室内设计的完善和补充"，为提供具有现实使用功能和审美功能的建筑室内空间服务。这是家具作为一种客观的物质存在在社会和人们生活中所作用的一种真实写照。这似乎已成为定论。

现阶段，中国百姓对他们居住和生活的建筑空间的营造大体经过了"重装修"—"重装饰，轻装修"—"重陈设"等几个阶段。所谓"重装修"，是指花费大量的人力物力简单追求住宅空间界面的改造与重建。这种现象是人们追求基本物质生活的一种反映，也必然随着社会财富的巨大浪费和人们审美观念的改变而逐渐终止。所谓"重装饰，轻装修"，是指人们从单纯地改变室内空间界面物质质量的"误区"中醒悟过来，转而重视对室内空间"氛围"的营造。这是中国公众对建筑意义认识的一大进步，有人甚至以此为据来佐证和预测中国建筑设计"非物质时代"的到来。当今人们对于住宅室内的态度又潮流化地发展为"重陈设"的趋势。越来越多的人认为住宅品质的高低是其中的陈设所决定（当然这是在住宅建筑所处的"环境"和住宅建筑本身具有一定的特色前提条件下）。

公众这种认识态度的改变，其意义绝不亚于前面所述的两次转变，它不仅反映了百姓对于建筑意义包括对建筑的审美意义的认识，更重要的是人们对原有生活态度和生活意义的颠覆与觉醒。建筑之美在于为我所用，建筑之美在于情有所托；生活是建筑的基本"原型"，而生活的本质又在于"直接"和"适度"，"重陈设"正好是这种"直接"和"适度"的恰当反映。从这个意义上说，"重陈设"的行为无疑是公众对建筑室内空间审美意义认识上的一次革命。

随着人类社会的发展，人们生活的内容发生了诸多变化，生活因素之间的关系也必然会发生"重组"。人们开始用一种新的观点来审视建筑、室内空间，同样也会用新的眼光来看待家具。于是，家具由一种不那么起眼的角色成为今天我们必须关注的对象。

今天，家具在室内空间中的地位和作用已经发生了根本性转换，其主要特征表现在以下几个方面：

① 由"道具"向"场景"的转换——主导建筑室内空间的氛围。

不可否认，在如何营造室内空间氛围的方式和方法上，我们经历了一个艰难的探索过程。传统意义上对于一个建筑室内空间的设计，大致采用这样的程式：第一，建筑设计师是整体设计的主导者和"总设计师"，室内设计包括家具设计的主题、设计表现形式等因素必须与建筑设计紧密联系，从而实现"建筑设计的继续与深化"，以达到建筑内、外空间氛围的和谐统一。也就是说，室内空间氛围的设计在延续着建筑设计的思想，并为建筑设计服务。第二，室内设计进一步演绎建筑空间，即将建筑设计过程中对建筑空间表现得尚未具体或得体的部分，作为"设计分工"的方式做进一步"完善"。第三，将室内空间与其所在的建筑整体区别对待，制定该室内空间的特殊功能或特殊意义，并围绕此目标进行设计。这几乎是设计的常理。这样一来，家具设计甚至包括室内设计的主动性不可避免地受到削弱，家具的光芒被"规范"地笼罩在建筑空间布局形式的场景之中，完全是一种"道具"和"摆设"。

现代风格的建筑设计在解决建筑本身问题的同时，也给家具设计带来了新的机遇：相对简洁的建筑内部空间和简单的建筑立面形象，势必造成室内空间氛围的不足，无疑需要营造一种"场景"来烘托空间的氛围与意义，这就赋予了家具设计更大的空间和更多的可能性。

人们发现了：家具本身就是一种绝妙的"场景"。如果说建筑是一种生活方式的话，家具就是更直接的生活方式。家具不仅赋予了建筑更为确切的功能意义，更演绎了建筑基本的情感因素。几乎"千篇一律"的建筑内部空间由于有了不同的家具内容而变得丰富多彩：华贵的、富丽的、高雅的、亲切的、简洁的、朴素的、高效的等等。建筑的思想和意义在家具上得到了落实、深化。

② 由"表现形式"向"内涵体现"的转换——提升室内空间的品位。

建筑设计所追求的不仅仅是凸显自然环境中一个和谐得体的元素，更是这个元素的内涵：对社会的、经济的、技术的、审美的、生活的意义的理解。反映这种意义的方式和方法就是寻求一定的表现形式，建筑设计师的风格和个性由此而来。当家具还只能被作为"道具"的时候，它无论如何只是演绎主题的一种表现形式而已，对家具的使用基本上就是一种选择。当选择不尽如人意的时候，也只不过是一种"配套"设计，受建筑的约束和支配很多。不否定有许多伟大的建筑师（如赖特等）在设计建筑的同时，也设计出了诸多经典不朽的家具作品，但似乎也只是他们的"副产品"和"即兴之作"。

当代建筑设计格局发生了许多变化。家具设计已经被列为建筑设计的基本内容和任务之一，在建筑设计开始构思时，家具就同时被纳入设计范围。这不是简单的社会生产意义上的"设计分工"所能解释的，而是家具在现代建筑中所处的地位和发挥的作用所决定的。

设计程序的改变所反映出来的是设计思想的更新，"系统设计"的思想已经成为建筑设计的主导思想，建筑的品位由与建筑相关的所有因素共同决定。当家具与建筑所处的环境，建筑本身的功能、意义、格调、成本等因素同时作为建筑设计出发点的时候，家具在建筑中的主体意义就已作为建筑的"内涵体现"而出现。换句话说，与建筑的其他因素一样，家具可以成就一个建筑，也可以"毁灭"一个建筑。

（2）家具是批量生产的工业产品

家具是一种典型的工业产品。

随着家具生产技术的进步，家具生产已完全摆脱了以往的手工业生产方式而成为一种典型的工业生产过程。在这种情况下，家具已经成为了一种典型的工业产品。

现代家具设计为家具生产的工业化奠定了基础。现代家具设计从功能的角度出发，考虑如何实现其使用功能，强调"形式追随功能"的思想，使家具设计具有了更加理性的特征。

现代家具设计强调"大批量生产"的概念，使家具生产更加适应工业化进程，使家具生产具有了现代工业的特征。

现代家具设计重视利用先进的科学技术，主张将人类最新技术和研究成果应用于家具设计和家具生产实践中，新材料、新工艺的使用始终是家具创新的焦点和突破口。

将家具看作一种工业产品，其意义还远不止这些，这可能也是对家具传统观念的一种颠覆。

家具产品是一种工业产品，因而家具产品的设计具有了"工业设计"的一般意义。虽然家具产品设计和其他工业产品设计相比，具有一定的特殊性，但其关于"设计"的本质却是一样的。这就要求家具设计师应将眼光放得更宽泛一些。如果将家具设计当成一种与其他设计一样的设计的话，设计的思路可能会因此发生变化。例如，有人提出"家具是生活的一种机器和设备"的观点，就好像是对待"汽车是一种交通的机器和工具"一样，并由此设计出了"睡眠中心""视听中心"之类的家具。

由"家具是关于生活的机器"的观点出发，人们发现了许多类似于工业机器结构和造型的家具。

"家具产品是一种工业产品"的概念要求人们对家具生产的工业化过程予以足够的关注。生产设备、生产工艺、生产管理、生产组织、产品策划与营销、产品展示与宣传、产品使用与维护保养及产品报废等内容同时也纳入设计的范围。

将家具看成是一种工业产品，也唤醒人们重视家具的工业化生产与社会的关系。家具与社会的可持续发展、家具与社会中人与人之间的社会关系、家具与社会生活方式、家具生产与社会劳动关系、家具生产与社会生产技术的发展等问题也是家具设计师和家具使用者共同关注的问题。

将家具看成是一种工业产品，让人们重新认识家具与建筑、家具与艺术、家具与生活之间的关系。从建筑室内空间陈设、空间环境的角度设计家具是设计者长期以来一贯的做法，将"产品"的概念引入进来，将会产生有关"家具产品的存在环境"的意义；将家具设计当成一种艺术设计形式是许多人一直在探索的路径，与"产品"的概念相融合，将会派生出"产品的艺术"的含义；家具无疑与人们的日常生活密切联系在一起，家具的有关"用品"的意义将得到更进一步的深化。

（3）家具是个性化的艺术表现形式

家具与家具设计是一种艺术表现形式。

在很长的历史时期内，由于家具是一种手工艺制品，同时在家具的造型、色彩、装饰等许多方面具有艺术设计的特点，人们把家具与"工艺美术"联系在一起。清华大学美术学院（原中央工艺美术学院）20世纪60年代就设立了"家具"专业方向。

中国著名的工艺美术理论家、教育家田自秉先生对"工艺美术"的定义是："通过生产手段（包括手工、机器等）对材料进行审美加工，以制成物质产品和精神产品的一种美术。""它既有工，也有美；既包括生活日用品制作，也包括装饰欣赏品创作；既有手工制作过程，也有机器生产过程；既有传统产品的制作，也包括现代产品的生产；既有设计过程，也有制作过程；它是融造型、色彩、装饰为一体的工艺形象。"

家具作为一种艺术形式，表现在可以通过家具作为载体来表达设计者的思想感情、对于社会和具体的事物的认识与看法。

家具作为一种艺术形式，使家具设计具有了与其他设计形式不同的方法论。

家具作为一种艺术形式，使家具与其他产品相比，有了更为具体和更为明确的艺术审美意义，因而具有了更高的精神价值。

Q&A:

1.2.2 家具审美

家具文化无论以何种形式表现出来，其核心都是关于家具的审美。

家具审美不是一种单纯的审美形式，这是由家具的特质所决定的。家具审美包括社会的、艺术的、技术的、经济的等多种因素。

（1）功能美

当我们评价一件家具时，通常会把家具当成一件艺术品来看待。在这种思路的指引下，人们把家具当成纯艺术来对待，抽象的形式成了家具的主要语言，比例、均衡、统一、节奏、韵律等形式美的法则成了评价家具美的重要标准。但他们没法解释一个事实：家具是用来使用的，不能使用的家具能被称为家具吗？

① 功能与形式的地位。

"设计是艺术"的观点无可厚非。把家具设计完全视为一种"造型艺术"的观点，使许多家具设计师把家具作为纯艺术来加以研究，抽象的形式变成了最主要的设计语言，比例、均衡、韵律、构成、质感、肌理等成为评价家具的最主要的标准。然而，我们千万别忘记了：恰恰是家具的功利性目的，使家具区别于其他艺术形式。人们常说：一件好的家具设计作品在审美上绝不亚于一件雕塑作品。试想：如果把一件真正的雕塑作品当成家具使用，或者将一件家具置于雕塑环境中，那种体验又该如何？一件真正优秀的家具设计作品，可能并不是一件成功的雕塑。

由此看来，将家具设计纯粹视为艺术设计的观点是行不通的。

反过来将家具的功能作为设计唯一的依据，这样设计出的家具又会是一个什么样子？这样的家具最终就会是功能的堆砌，各种杂乱无章的功能件机械地结合在一起，不仅会让人望而生厌，同时它应有的功能也未必能发挥出来。也就是说，单纯地考虑功能的观点也是不适合的。

上面的问题实际上可以归纳为"形式"与"功能"二元化的问题。在解决这个问题之前，我们必须回答"什么是美感"的问题，因为这是我们讨论这个问题的基础。离开美（包括形式美和功能美）的宗旨将无从谈起。

许多家具设计师探讨过设计中的艺术与功能的问题，大家比较一致的做法是：如果一个产品的设计其功能要求是非常明确的，设计的过程就是一个从平面到立面的线性过程，最后的结果是在平庸的造型上牵强着一些所谓的"文脉"或"传统"或"形式美"的"符号"；如果一件产品的设计在功能方面的规定性较少，设计师此时会难以压抑"艺术"与"哲学"的冲动，极尽"为赋新词强说愁""东施效颦"之能事，其结果往往是连自己都认为是矫揉造作。这是一种典型的"二元对立"的做法。

从这里我们又可以看出：家具的功利目的成了我们当今家具设计创作中的一个顽固的"症结"。二元对立的根本问题就在于机械地把形式和功能截然分开。我们必须打破这种传统的"二元对立"。

② 功能体验。

避免将家具的功能美和艺术美截然分开来设计和审视家具，决不是不重视家具的功能，或者不重视家具的艺术性。相反，是要将这两种审美特质有机地结合在一起，并将各自的审美效能发挥到恰到好处。

包豪斯著名的设计大师蒙荷里·纳基（Moholy Nagy）曾说：设计并不是对制品表面的装饰，而是以某一目的为基础，将社会的、人类的、经济的、技术的、艺术的、心理的、生理的多种因素综合起来，使其能纳入工业生产的轨道，对制品的这种构思和计划的技术即设计。由此我们可以看出，设计并不是对外形的简单美化，而是有明确的功能目的，设计的过程正是把这种功能目的转化到具体对象上去。功能目的在家具的形态构成中举足轻重，欠缺的功能在多数情况下会蒙蔽家具形式的光辉，完美的功能与富有表现力的形式相得益彰。

由此可见，功能在产品中的地位是何等重要。

但是，功能和实用价值本身并不能直接构成审美体验。也就是说，并不是因为我们较好解决了一件家具的功能目的，这件家具的形式就一定是富于表现力的。不能把功能美与有用性混淆起来。因为功能美并不在于功能本身。

人们根据社会需要制造出各种产品，过去的产品如果有良好的功能，它们的某些特殊造型就会逐步演化为一种富于表现力的形式。后来人们一见到这种形式，就能体验到一种莫名的愉悦，这就是一种审美体验。产品由于具有了功能的美感就是"功能美"。这是传统的对功能美的注解。具有好的功能的家具形式到后来可能会转变为美的形式。然而，审美的直接性决定了人们对家具的审美感受同样是直觉的。所以，家具的功能的表现力与它本身的实用功能并不具有必然的联系。

日本当代美学家称物质产品的美为"技术美"，并把它和自然美、艺术美加以区分。他认为：自然物的审美价值和实用价值并不是相互依存的，所以自然美和实用价值无关；艺术品的价值是依附于美的，艺术美也与实用价值无关；唯独物质产品是以实用价值为自身存在的前提，所以技术美必须依附于实用价值。

在这里，"实用价值"成了"功能"和"美"互相传递的媒介。家具的功能体验是家具意义体验的一个重要维度。功能体验是家具的一种最基本的审美形态，它与其他审美形态相比，有许多不同的特点：

首先，家具的功能意义不完全等同于家具的审美意义。对家具的功能体验是在最广大的生产实践范围内创造的一种物质实体的美，在家具中主要体现在家具的零部件组织、空间组织、技术手段、材料的合理利用等方面。它是一种最基本、最普遍的审美形态，在多数情况下，与情感表现无关，它带给人们的往往仅是一种审美上的愉悦感和认同感

而不指向任何深层的情感体验。正因为功能体验与技术有密不可分的关系，所以功能美具有明显的时代特征。中国古典家具中的床普遍带有装饰性很好的床架，在当时是为了私密性的需要，把床在偌大的卧室中同其他设施分开，亦是为了挂放蚊帐，这些功能到现代都市的卧室中都不起作用了。如图1-1所示。传统的家具采用的都是木材，因为当时没有其他可用的材料，因而传统家具都是木家具。而现代家具材料丰富多彩，我们不能认为仅仅木家具才是家具。

　　其次，对家具的功能的审美体验要与对家具本身实用功能的评价相区别。对功能的审美体验在特定的时候也会具有超功利性，与家具自身的功能

图1-1 古代床的床帏可能是用来挂蚊帐，当代家具类似的造型则仅仅是强调某种意义

图 1-2 皇宫中的"龙椅"不完全是为了给皇帝坐

是无关的。如果家具只具有形式上的功能美，而自身不具有实用功能，便是一种虚假的美。而相对于人们的视觉而言，这种虚假的美并不构成对审美体验的伤害。中国故宫里皇帝用的"龙椅"，和其他的椅子一样也具有扶手，这个扶手无疑是形式的需要，因为就椅子的座宽而言，扶手是根本不起作用的。这个扶手除了象征皇帝的"左右臂膀"之外，和人们心目中的椅子形象的相似也是理由之一。如图 1-2 所示。

另外，形式的表现力在某种意义上说是功能的表现力的抽象形态。古典家具中各种腿脚形状、各种装饰线脚在当今家具设计中仍在使用就是典型的例子。优秀的家具设计，如果它的功能美与家具自身的功能评价达到统一，会取得完美和谐的最佳效果。

在家具设计中，功能的表现力不仅体现在家具的整体性特征方面，同时也影响着家具的形式语言。家具的每一个局部，每一个处理手法，甚至装饰，都有着实用功能的影子。

从上面的分析中我们可以看出：在家具形态设计中，功能并不是使我们"为难"的因素，但离开了功能，家具就难成其为家具。功能是人们对家具的体验的重要部分，在极端的情况下，甚至是体验的全部。

因此，我们有理由相信，打破形式与功能之间的二元对立来设计家具的话，功能就再也不构成设计者的累赘了。

总之，我们认为：在家具的形态设计中，功能并不是只会把我们推向尴尬境地。对于家具来讲，其形象的表现力与其功能的表现力恰如一枚硬币的正反面，在对家具意义的体验中，它们诉说着同一件事情。家具意义的形象层面与功能技术层面并不是家具意义的两个二元对立的方面，它们不能独立存在。随着对家具的体验从瞬间到随时，从无功利到有功利，从对形式的玩味到对形象精神的重视，都没有消解家具的意义，因为对家具意义的体验没有确定不变的原则。

（2）艺术美

很多人认为艺术美是最"经典"、最"纯正"的美，以至于我们经常将广泛意义的审美与它相混淆。艺术美是由事物的精神要素所引发的人们心灵和肉体的愉悦。一件工具让我们得心应手，这是一种美——功能美，即便外形如何丑陋，它也具有了广泛审美意义上的美。但它由于形式丑陋而不具有艺术美。只有那些形式和色彩的意义、事物本身的意义、寓意、象征等属于精神层面的东西给予我们的美好感受才是艺术美。

所有真正意义上的设计都包含艺术美的成分，家具的艺术美可以说是"与生俱来"的，这种美由艺术形式、艺术风格和其象征意义表现出来。

① 艺术形式。

家具形态是一种人工形态，它是按照预期目的和功能定位设计制作的，但是其精神功能和审美效应具有某种不确定性。

当代家具表现出了一个越来越明显的特点，它既可以表现为是艺术，而且相当前卫和抽象；又可以认为是科学技术成功的杰作，它一刻也不能离开技术。如图1-3、图1-4所示。可以这样认为，家具是艺术与技术的结合，是技术与艺术的杰作。

图1-3 家具可以是前卫的艺术，也可以是科学技术的杰作

图1-4 家具艺术的各种手法

Q&A:

② 家具的艺术风格。

"风格"一词是我们描述设计时最常用的名词，但对于它的理解却不尽相同。《辞海》解释："风格"，气度、作风、品格也，特指作品表现出来的主要的思想特点和艺术特点。按照笔者的观点，"风格"一词本身是没有任何意义的，"风格"是一个代名词，是为了描述一种设计现象或设计作品的方便而人为设立的。它的内涵有二：一是体现设计师在艺术设计中表现出来的艺术特色和创造个性；二是泛指体现在艺术设计作品中的各要素，如社会制度、时代的精神面貌、社会需要、社会意识、民族传统、民族特点和当时的科学文化发展等方面的总和。例如我们讲到"明式家具风格"一词时，它所代表的意义是"造型简练、适当的曲直对比、符合人体特征、选材精良、装饰少而得体、制作工艺精湛"等所有明式家具的特点浓缩于一个词中。用于第一种意义时，它是设计师的一种追求；当用于第二种意义时，它最恰当的表述是一种对历史的总结。

但风格的意义却是任何艺术形式都具有的一种客观存在。对"风格"的理解也可谓"仁者见仁、智者见智"。设计风格是一种文化存在，是设计语言、符号的使用与选择的结果。设计师在繁多的设计要素中选择了他认为合适的，并将它们有机地结合在一起。一方面，在某种程度上，风格是对一般规律的偏离，即对原有的设计进行摒弃、创新和改变；而另一方面，又恰恰是某一设计环境的特定规范，即对某种约定俗成的设计规律、表现方式的一种维护、继承和沿用。它既是设计师、艺术设计品的个性表现，又具有复杂、完整和综合性的实质。它既受历史、社会、科技、经济、环境等因素的影响和制约，又受设计师主观因素、思维个性的制约。设计风格是设计师思维个性的存在方式，是思维个性心理结构的表现。

影响设计风格的因素很多。

① 社会因素。

社会造就了艺术风格。社会政治、经济制度、道德意识、社会生产力发展水平等对设计的影响是显而易见的。任何设计都不是脱离社会的设计。如"现代"风格所依存的西方二次世界大战的历史背景；"后现代"设计风格产生在西方高度发达的物质文明时期；"高技派"风格所体现的精妙的科学技术；等等。这些，都可以认为是社会因素的集中反映。如图 1-5 所示。

图 1-5 "高技派"风格依赖社会科学技术的成果

② 时代特征因素。

一个时代有一个时代的艺术风格。时代特征在艺术风格中的呈现，可以归结为这个时代的社会因素、审美因素、科学技术等对设计影响的综合。因而许多设计风格都是以时代的名称而加以命名的。在一个时代中，富有时代性的设计作品，都是科学技术与艺术相结合的产物。如果说先进的科学技术能给艺术设计注入新的物质功能的话，那么一个时代所形成的审美观念、所流行的审美思潮，能使艺术设计产生新的精神功能。艺术设计融科学技术和艺术审美为一体，两者的关系达到高度的统一。新的科技成果的采用，能使艺术设计产生新的形象，从而促使审美观念的转换；而新的科技成果的更新，又反过来促使艺术设计不断采用新工艺、新材料、新技术，从而满足人们新的物质和精神的需求。

提到时代特征，我们不能不想到"时尚"。时尚是在一段特定的时期内最为大众所接受的审美特征。"时尚"反映出来的最能给设计者以启发的是"时尚"的"流行性"。它会提示我们去探讨各种时尚流行的规律，如流行色、流行周期等。

③ 地域特色因素。

中国云南、福建等地盛产各种质地的石材，因而近年来"石材家具"独树一帜；中国南方的竹材长期以来都是制作家具的材料，"竹家具"无疑具有浓郁的地方特色。如图 1-6 所示。

图 1-6 中国和东南亚特有的竹材制造的竹家具非常具有地域特色

Q&A:

④ 其他艺术形式。

建筑、工艺美术、绘画等艺术形式对家具设计和家具的影响，很多学者都进行过深入的研究，这里就不再赘述。

⑤ 民族特色因素。

具有本民族特色的风格设计，才具有真正的世界竞争力。美国的莱茵·辛格说："好的设计具有新的涵义：它不仅意味着满足了使用功能，而且使用方便、舒适，是丰富的知识载体，是完美的精神功能的体现，充满一个民族特有的文化及风格内涵。"日本"和式"家具除了具有浓郁的东方特色之外，典型的"和式"特征显而易见。"北欧风格"的家具又被称为"乡村风格"。中国是一个多民族的国家，各个民族在长期的生活环境中形成了自己深厚的文化底蕴，尤其是各少数民族长期以来所形成的家具特色值得我们进行深入的研究和开发。如图1-7所示。

图1-7 具有中国少数民族特色的家具

⑥ 设计者因素。

"每个人有每个人不同的设计风格"，设计者的设计风格是设计者对所有设计要素理解的结果；是设计者长期形成的、与众不同的、对设计内容进行表达的一种方式的综合；是设计者对设计体验的积累；也是设计者一生追求的最高目标。与其说设计者风格的形成是个人综合素质、认识能力、设计技巧、生活经历等因素的总和，不如说设计者

是运用这些因素的"天才"。中国目前的家具设计者中就缺乏这样的"天才"。如图1-8所示。

探讨影响家具设计风格因素的目的，是为了形成家具设计和家具的风格。这些影响"风格"形成的因素，反过来又成为我们创造出具有"风格"的设计和产品的可利用的条件。这才是我们研究"风格"的真正意义所在。

图1-8 芬兰家具设计大师库卡波罗的设计作品具有鲜明的特点

（3）家具艺术的象征意义

从人类文化发展的历史来看，人类文化大体上是由器物、社会制度、精神生活所构成。原始人类为了生存，创造了各式器物或物品来满足衣食住行的需要，家具就是器物的一种。工业革命后，"器物"成为"产品"，家具也逐渐成为了一种工业产品。不论是器物还是产品，作为人类活动的产物，必然牵涉人的因素，都蕴涵了人类文化的理念和价值观。

中国传统文化的主要特征之一是富于生动的象征意义。所谓象征，是指"借具体的事物，以其外形的特点和性质，表示某种抽象的概念和思想感情"。在家具产品设计中，象征是造型设计的基本手法之一。中国器物的象征性特征对我们采用象征的手段来设计具有中国风格的家具产品有非常重要的借鉴作用。

① 家具形式的象征性。

家具的造型代表了不同时代、不同民族人们的审美情趣和价值取向，因而家具的外形不可避免地烙上文化的印记，被赋予不同的象征意义。

中国器物的象征性是以中国民族传统的文化背景为根基，器物形式中积淀了社会的价值和内容，同时又不是纯客观、机械地描摹自然，而是对外在的自然高度地凝炼和升华，从而使器物具有高度的审美功能和意义。如图 1-9 所示。

Q&A:

图 1-9 中国传统家具形式具有的"中庸"的象征意义

② 家具材质的象征性。

材料的选用及衡量材质高下的标准主要是依其性能的优劣和存量的多寡。木材一直是家具用材的首选。因为木材按照中国古代阴阳五行说的观点，其特性是阳气舒畅，阳气散布后，五行的气化也就显得畅通平和。"敷和的气理端正；理顺随，其变动是或曲或直，其生化能使万物兴旺，其属类是草木，其功能是发散，其征兆是温和。"也就是说，木材由于其敷和的气理、能使万物兴旺的吉祥含义以及温和的象征和预兆而具有社交的、伦理的、文化的诸多象征意义，从而成为家具的首选用材。如图1-10所示。

④ 形制的象征性。

尺度的大小、形状等在家具中的象征意义自古就有，而且得以流传。众所周知，中国北京故宫中的"龙座"的设计绝不是因为当时的"皇帝"体形高大，而是象征"皇权"的至高无上和"神圣不可侵犯"。

⑤ 家具对于生活形态的象征性。

例如，元代家具"多用圆雕和高浮雕，很少用浅雕和线雕，强调立体效果和远观效果。题材多为花草、鸟兽、云纹、龙纹，其中花草最多见。喜欢用曲线，如卷珠纹的运用。无论是雕刻还是绘画，都要极力表现如云气流动般的气势，这可能都

图1-10 木家具与金属家具具有不同的象征意义

③ 色彩的象征性。

与形式相比，色彩是一种更为原始的审美方式。"远看颜色近看花"就是充分的例证。人们对色彩的感受有动物性的自然反应作为其直接的生理基础。不同的文化对色彩所具有的象征意义有着不同甚至是截然相反的看法。例如红色，在西方作为战斗象征牺牲之意；东方则代表吉祥，象征喜庆之意。如图1-11所示。

图1-11 红色家具代表"吉祥"

缘于游牧民族在高速运动中得来的对运动的认识在审美上的体现"。可以说，元代家具所采用的装饰所传达出来的艺术风貌和审美意识，让我们清晰地感受到一派生机勃勃、如日初升的清新和健康的气派。它既不同于唐代家具的富丽，又不及明式家具的精致、优雅，亦不似宋代家具的纤纤秀弱，但它浑圆、粗放的造型特征所体现的狂放气势和力量感，远远地超出其他三者而愈发显其优越和高明。这种颇具"胡气"的造型风格是在当时多民族文化的交汇中，根据蒙古族等北方游牧民族的审美趣味和长期流动的生活方式所选择的一种历史必然。如图 1-12 所示。

图 1-12 中国元代时期的家具

1.2.3 当代家具设计思想基础

所谓设计思想，是指设计的价值、目的、设计理论要点和设计的指导思想。设计是一种有意识的活动。换句话说，设计是在一定的思想指导下进行的。没有思想的设计就是一种盲目的行动，是毫无意义的。

家具设计是一种综合性的设计，它的表现方式是多样的，它涉及社会、政治、经济、生活、技术、艺术等多种因素。因此，影响家具设计的思想体系是一个庞大的思想体系。毋庸置疑，每个设计师对家具设计有不同的理解。也就是说，他们会逐渐形成自己的关于家具设计的思想体系。这也是设计师走向成熟的标志。当代的家具设计活动正处于一个"百家争鸣"的活跃时期，各种设计思想层出不穷，各领风骚。大致归纳起来，主要体现在如下几个方面：系统设计思想，生态设计思想，以人为本的设计思想。

（1）系统设计思想与作为工业产品的家具

系统概念在设计中的作用主要表现在人们不再把设计对象看成是孤立的东西，而是把它放在系统中看待。设计不能局限于单一的对象，而是要考虑它与其他环境因素之间的关系——设计系统。

①系统设计。

设计不是一项单纯的工作。设计与社会、消费者、生产者、设计师等各种因素都密切相关，忽略任何一个因素的设计都不能称为好的设计。具体说来，设计涉及社会、社会思想、人、人与人之间的关系、技术、艺术、市场等多种因素，只有处理好这些方面的矛盾，才能达到设计的预期效果。

系统设计思想最关键的是将设计问题看成一个系统的问题，而不是将设计问题孤立地看待。因为设计的影响因素很多，设计的过程会千差万别，设计的结果也是各不相同的。

系统设计的思想要求设计师将设计的命题加以分析，整理出具有逻辑性的思维线索，在将设计

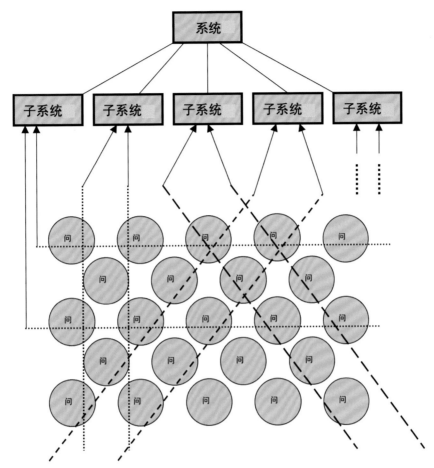

图 1-13 设计系统示意图

的整体看作是一个系统的同时，也将设计中的个别问题或者某个具体要素同时看作一个系统整体。只有这样，才会对设计所涉及的诸多问题加以全面分析，最终得到满意的结果。如图 1-13 所示。

通俗地说，系统设计的思想就是综合、全面分析设计问题的思想，只不过利用系统科学的思维方法可使分析不留纰漏或少留纰漏，并使思维具有逻辑性。

② 系统化的家具设计与整体家具产品。

将家具与生活、艺术、工业产品、建筑要素等多个因素结合起来考虑的思维方法，是家具系统设计思想的第一层面。其目标是满足家具所具有的各个属性中的各种条件。如家具作为建筑要素的尺度概念、家具作为陈设的局部与建筑室内整体的关系概念、家具与生活的各种关系、家具作为一种工业产品所必须具有的属性等。

家具绝大多数是以产品的形式出现，所以分析家具产品的系统是家具系统设计思想的第二层面。

将设计、设计目标这个整体概念视为一个系统，分析此系统中包含的所有影响因子，或分析影响设计目标的所有因素，并指出它们对设计目标有何影响、如何影响、影响程度有多大。再将这些因子又视为一个"子系统"，分析"子系统"的构成与影响因素。层层分解下去，直到将影响因子"肢解"为独立因子，即不受其他因素影响的单一因素。分析这些因素对目标的影响程度，并在设计中采取相应的对策，保证设计目标的实现。或者在保证目

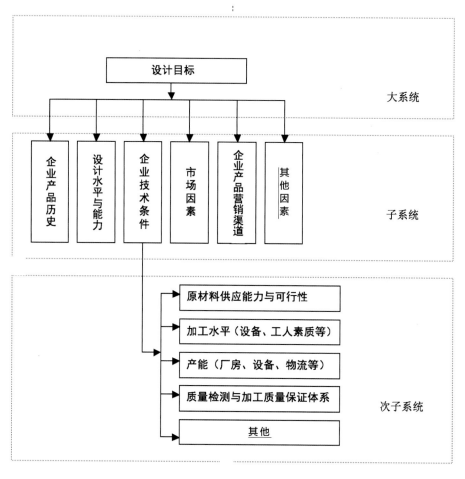

图 1-14 家具设计系统

标实现的前提下，综合"权衡"设计系统中的各项因素，有选择地、有轻有重地对待。这就是系统设计的主要内容。如图 1-14 所示。

对于家具企业而言，家具产品设计的目标就是与企业有关的产品战略或策略。

由于企业情况不同，他们会制订不同的产品战略与策略，即设计目标不同。如，有的企业将目标定位于高档产品，试图占领高端市场；而有的企业则是将目标定位于中、低档产品，立志于中、低端市场。我们不能仅根据产品的"品位"而去"指责"设计水平的高低。一句话，对于企业而言，只有适合企业的设计才是最好的设计。

要实现企业的这一设计目标，企业可以根据自身的情况采取不同的途径。如需要降低产品成本，有的企业可能采取增大批量的方法，有的企业可能通过设计提高劳动生产率，有的企业可能注重合理选择材料品种及价格，还有的可能改变产品营销模式。总之，企业会根据自身的情况选择最适合自己操作的措施。这些都应该是设计的内涵。

总的说来，家具设计是一项综合性的设计活动。每项设计工作都有基本的"设计理念"作为宗旨；都希望在形式或内容上去"打动每一个观众的心"；都应该有明确的"市场"观念，如市场预测、市场细分、消费群体等；都有明确的"功利"目的，如经济效益（成本、价格、价值）；都要考虑各种可能的、现实的技术条件。

将系统设计思想运用于产品设计，对于家具产品本身的设计而言，这绝不仅仅是关于产品本身的形式和内容的设计，而是与产品有关的、生产企业和消费者共同面临的，包括设计、生产、销售、使用、售后服务等各个环节的所有因素的设计，即"整体产品设计"。

所谓的"整体产品设计"，就是指产品的设计不是片面孤立的产品造型设计，而是要在设计过程中充分考虑使产品制造、销售（设计师—消费者）的所有环节均达到合理的程度。

它包括市场调查与市场分析、产品定位、产品设计构思、选材、制造工艺与可能的制造技术条件、企业因素、包装与运输、产品展示、维修与保养、产品使用说明书的编写、产品的报废处理方式和方法等内容。

（2）生态设计（以自然为本）思想与绿色家具

"以自然为本"的设计思想是试图建立非理性用户模型，使机器适应人的行为特点、适应知觉和认知、适应人的动作特性、减少人的脑力负担，通过设计给人提供自然思维和行为条件，以弥补人的缺陷。

100多年的历史经验证明，传统的"以人为本"的设计思想只能有限改变"以机器为本"造成的负面作用，远不能从根本上解决后者引起的对自然环境的破坏。20世纪70年代，出现了再生设计和生态设计思想，归结起来可以统称为"以自然为本"的设计思想。为了人类的持续生存和发展，必须重新考虑工业革命以来的思维方式和行为方式。人类只是自然环境的一部分，维护自然生态的循环是维护人类自身生存的前提，无限富裕和无限享受最终会造成不可逆转的结果。人类必须从生态学世界观出发重新规划人类的生活概念、工作概念、城市概念、能源概念、交通概念、交流概念、

消费概念等等，在这种思想的基础上重新设计各种东西。

鉴于中国家具工业和家具设计的现状，对于生态设计的观点，笔者所持的态度是：立足绿色环保，倡导生态设计。

① 绿色环保家具。

中国家具产品从2002年7月1日起已强制实施国家家具环保标准，这对于家具及其相关产业无疑是一次挑战和一次机遇，对于广大的家具消费者来说又是一个福音，它表明：家具——这种与人们生活息息相关的传统产品，将会被赋予一种全新的内涵。

环保概念的宗旨是自然的生态平衡、社会的持续发展和人们的健康卫生。它建立在人与自然的相互关系之上，取决于人对于自然的认识、理解和所处的态度。因此，它所涉及的范畴就应该是有关社会、历史、文化、技术的全部甚至包括人性的本身。对于绿色家具的理解也不例外。

a. 家具设计概念的更新是绿色环保家具存在和发展的先导。设计之所以日益受到人们的重视，是因为它在生产和消费方面的先导作用已日益明显，更重要的是它能诱导人们的观念更新。大环境的环保概念已深入人心，国外对绿色环保家具也早已重视，随着我国人民生活水平的提高，绿色环保家具也理所当然地提到议事日程上来。与此相适应，家具设计概念的更新就显得更迫切了，具体反映在以下几方面：

"功能第一"的现代设计理念注入了人的健康因素的内涵。即除了满足人体工学原理的人与物的生理关系外，应更加重视人与物的本质关系。这既可以认为是"功能第一"原则的延伸，又可以认为是"以人为本"思想的拓展。

"低熵设计"理念进一步深化。这除了表现在强调生产过程、运输过程等方面的低能耗以外，更强调产品的耐久性和报废后的可再生性。在这里，

图 1-15 对家具的适度拥有与适度消费

追求时尚的概念受到限制，耐久性好、造型经典的产品重新受到关注；"适度拥有""适度消费"的意识有待增强，各种挥霍的设计受到质疑，那些简练的、多功能的、能有效降低家具奢侈度和拥有量的产品将重新受到青睐，实用与美观的关系也将重新调整。如图 1-15 所示。

设计的科学性将进一步引起人们的重视。计算机技术在设计中的应用领域将会大大增宽，例如对家具力学性能的研究与计算，对于使用合理的家具零部件尺寸将会提供更加实用和节省的数据，这对于保护资源、节约原材料都具有重大的现实意义和深远的历史意义。

b. 家具生产中的原材料是绿色环保家具的关键。木材作为一种可再生的无任何毒性的自然资源，无疑将继续成为家具行业关注的对象，但这种资源在数量上的局限性将会为今后的研究提供更多的课题。"小材大用""劣材优用""优材高附加值的追求"是木材广泛、持续使用的基本前提。围绕此议题所进行的如指接材、木材改性、薄木及微薄木的开发利用等项目的研究，其依据更加充分，前景更加美好。如图 1-16 所示。

各种人造板材料将继续是家具制造的主要材料。这除了它本身具有的保护资源的特性外，优越的使用性能也早已被认可。这种材料在绿色环保家具中被使用的限制主要是有毒物的含量，目前主要是限制板材中游离甲醛含量。因此，在保证人造板材料的使用特性的基础上，开发无毒性人造板材料的研究，将会有广阔的市场前景。此外，人造板材料报废后的再生性的研究也应引起我们足够的重视。目前对于无毒性人造板的研制在技术上有一定困难，那么其表面的封闭技术就尤显重要。如图 1-17 所示。

图 1-16 实木的绿色环保家具

胶、涂料的毒性也是影响家具产品环保性能的主要因素之一。这种影响不仅存在于家具生产过程之中，也存在于家具使用过程之中。对于胶黏剂的影响，主要是选择合适的胶种；对于涂料，主要是涂料的种类和溶剂种类的选择，目前大多数涂料生产厂家所进行的水性涂料的研究就说明了这一点。

各种辅助材料和零配件的环保性，能同时进入环保意识的视线范围内。如限制聚氯乙烯塑料配件、电镀件的使用等等。

由于木材资源方面的影响，对木材替代材料的开发也同样重要。钢材、塑料虽然在短时期内能缓解对木材的需求，但它们均不具有资源上的再生性。竹材是一种能替代木材的速生材料，对它的开发利用具有特别重要的意义。各种木纤维材料（如秸秆等）的开发利用也应引起我们的重视。

图 1-17 人造板技术在绿色生态家具中的运用

c. 生产过程的环保意识是不容忽视的基本内容。生产过程中的环保问题主要反映在两个方面：一是工厂生产环境中的环保因素，如噪声、粉尘、各种有毒气体对操作工人的影响。二是家具企业"三废"的治理，如对于木材剩余物的综合利用、废气和废水的有效排放等。虽然以前不被人们足够重视，但它将随着家具产品环保标准的建立而逐渐纳入环保系统工程的范围内。也只有这样，才能维护绿色环保家具在概念上的完整性和体制上的系统性。如图1-18所示。

d. 绿色环保家具产品相关标准的制定是当务之急。在中国加入WTO之后，中国家具企业正在考虑参与到国际竞争的大行列中，与国际接轨最直接的反映便是产品的国际性。许多发达国家和地区、组织在很早以前就已制定了相关的标准。因此，与国际接轨的标准指标是我国家具产品进入国际市场的"敲门砖"。

除此以外，与家具相关的各原材料部门如人造板、化工、五金等行业也应有与此相关的要求。据悉，与人造板相关的木材加工行业正在着手制定相关的标准。

当然，在制定相关标准的时候，既要注重标准本身的国际性、先进性，同时又要结合我国的实际，采取"逐步进行""先易后难""先低后高""先少后多"的原则，以保证标准实施过程中的可行性和易操作性。

e. 消费市场是绿色环保家具赖以生存和发展的土壤。中国是一个发展中国家，其他行业的环保实践充分证明，人们对于环保概念的认识是环保工作能否有效和持久开展的关键。虽然绿色环保家具的推出对企业是一个商机，但只有当消费者对大气污染、生态平衡有相同的认识水平后再来认识绿色环保家具的时候，才是绿色环保家具相关措施得以正常实施的时机。否则，将会导致市场的盲目性、价格不可比较性以及伪劣商品猖獗等一系列无秩序状态。因此，除了保证产品认证工作的鲜明性和严肃性外，更应加强管理的科学性和系统性以及加强监督的经常性和可操作性。在这里，媒体的大力宣传起到至关重要的作用。在此基础上，采取打击与保护、鼓励与惩罚相结合的方法，调动全社会的力量，充分发挥生产企业的主观能动性和积极性。

f. 科学技术是推动环保家具发展的决定性力量。如果说发展绿色环保家具是一种概念上的变革的话，那么科学技术将是这场变革的直接动力，就像生产方推动社会的发展与变革一样，它将会起到其他工作无法替代的作用。这主要反映在如下几个方面：

a. 提高材料的利用率。科学合理的设计能有效地减小木质家具零部件的尺寸，从而减少木材的

图1-18 家具生产环境是绿色家具的基本内容

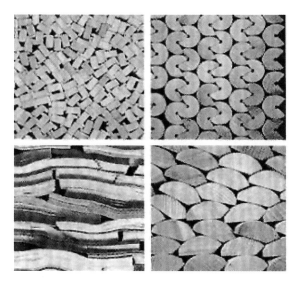

图 1-19 家具生产中小径级木材的使用

使用数量；人造板套裁技术能有效地提高人造板材的利用率；提升加工精度可以减小加工中的材料浪费；材料的改良技术能提高材料的品质；小径级材和劣质材的合理使用。如图 1-19 所示。

b. 控制产品中的有毒物含量。减少有毒的有机溶剂的使用；采取多种方法减少游离甲醛的挥发；在木材的处理如防腐、防蓝变、防虫蛀过程中减少有毒物的渗透；加强水溶性溶剂和水溶性涂料的开发；对于有毒物的吸收、转化、封闭和处理；等等。

c. 减少生产过程中的环境污染。生产车间的一级除尘和生产厂区的二级除尘；木工机床的噪声和安全保护；油漆的先进固化技术和涂饰技术等先进的检测仪器设备和检测技术。

d. 先进的标准化体系。

e. 基础科学研究及其成果在生产中的推广应用。

总之，绿色环保家具已被提到议事日程上来了，这关系到家具产业的生存和发展，更涉及社会的可持续发展，应该引起我们足够的重视。

② 生态型家具产品。

生态设计是基于工业设计思想的三个历史转变即"以机器为本—以人为本—以自然为本"而提出来的。

当人民的环保意识提高后，生活观念会发生变化，选择产品的观念也会发生相应的变化。在以往的现代化意识驱使下，人们追求更新、更好、更高级、高速度、快节奏，不断更新产品，这些价值观代表了现代性。在这种价值观作用下，设计的产品往往寿命较短，不把产品质量和使用寿命放在第一位。德国设计师很早就对这种"流行性"设计的道德观念提出过批评。具有环保意识后，人们不再追求这些价值。现在，刺激购买力的美学观念逐渐被用户抛弃，人们不再追求时髦、华丽的产品和高级用品。后现代状态下人们对物质的观点改变了，成为后物质价值，它包含下列意义：重新发现简朴，节制复杂性，设计简单，对"慢"的再发现，享受慢节拍的生活。"少就是多"的观念重新得到人们的承认。

从直观上想象，生态产品的含义似乎清楚，但实际上很难被定义，各种产品的侧重面不一样，有些产品的长期效果往往一时还看不出来。总的来说，生态产品应当对人友好，对环境友好。对人友好的含义是指生理、心理和社会方面，它应当有利于人的身心健康，有利于改善人际关系，有利于改善家庭关系，有利于改善社会关系，有利于改善精神心理问题和社会问题。生态产品还应该对环境友好。

德国设计师Tuerck认为生态产品包含四层含义（如图1-20所示）。

产品的层次理论总结出相应的产品设计伦理：

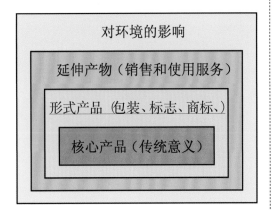

图1-20 生态产品含义图

a. 使用伦理。不应当设计短寿命产品去欺骗无知的用户，隐瞒副作用是不道德的（针对流行性消费设计而言）。

b. 环境伦理。设计中必须考虑、计算环境（如电、水、气等）的消耗。

c. 社会伦理。评价新技术时必须考虑提供的劳动岗位数量，尽量不造成更多的失业。

d. 劳动伦理。设计应当提供人道化的劳动，避免岗位特殊和负担等级。

e. 精神健康伦理。对发展中国家企业责任要求要扩大，尊重人的尊严，不能剥夺这些国家的资源。

f. 动物伦理：不以消耗其他动物来换取人类的要求。

生态产品的主要出发点是减少自然原材料的消耗和能源消耗，减少废物和垃圾，防止对人、生物、自然环境的破坏。

德国"未来和技术评价研究所"对生态产品提出了12条准则，后面有人又补充了几条，具体如下：

• 把原材料减到最小。可通过替换原材料、强度分析、缩小尺寸等技术来实现。

• 避免使用涂料（塑料、油漆、染料等）、附加品、黏合材料。

• 选择无害材料。如不含重金属的物质、不含甲醛的木材和人造板、改传统清漆为水溶性漆等。

• 采用模块化结构，使部件容易安装、拆卸和互换。

• 提高部件标准化，减少部件数目。

• 减少原材料种类、减少人造材料种类等。

• 提高寿命。使用高档材料，如抗腐蚀的材料等；提高维护性能等。

• 容易拆卸，最终目的是实现自动化拆卸。

• 提供部件和设备回收处理方法，列出部件名和材料名。

• 按照相关标准标注材料名，并尽可能使用条形码或磁性码，以方便阅读和识别。

• 采用易再生的原材料和部件。

• 避免包装，或使用可再使用的包装材料、可循环的、生物可分解的包装材料。

• 提高产品多用途的可能性。通过很小的变化来扩大产品的用途。

• 不受流行式样影响的设计，寻找长期性可接受的设计。

• 表面材料及处理工艺。选择合适的材料，选用表面不刺眼、不反光的材料，避免光污染。

• 高度可用性（操作舒适）。

• 高操作安全性。

• 有利于回收再利用。

与上述思想相似，丹麦、荷兰、挪威、奥地利、瑞典、美国等地相继建立了生态设计方法、设计手册和评价方法。

③ 生态设计。

生态设计自提出之日起，就受到大众的关注和支持。在过去的外形和功能设计评价标准的基础上，又相继产生了一些整体评价标准，其要点是：优先使用来源充分的自然生长材料，节省原材料，材料种类单纯化，易生长循环，对人和环境无害的材料，有材料标记，部件少、结构简单，易拆卸维修，产品耐久寿命长。具体来讲，大致经历了下面几个方面和阶段：

a. 改变工艺过程，减少对环境有害的工艺，减少废料、废水、废气。

b. 废物的回收再利用，改善工艺，提高可拆卸性能。

c. 改造产品。改变产品材料，减少难以回收循环的材料，降低产品功耗。

d. 设计对环境无害的生态产品。

生态设计的思想在中国的家具工业中也得到了充分体现。例如：2002 年秋季举行的深圳家具设计大赛上，以生态材料纸筒和竹材为主要材料的家具产品方案分别获得了大赛的一、二等奖。

如图 1-21 所示是一组由稻草经消毒处理后所制成的坐具。

工业革命以来，人们追求的是产量和效率。

图 1-21 稻草坐具设计（设计：刘文金）

传统的工程设计和工业设计是以消费观念为动力，以市场需要为目标，追求人均占有的财富和能源。然而市场的需求变化很快，以消费为目的的产品设计不耐久，久而久之必然产生资源匮乏的问题。生产过程中产生的各种有害物不断积聚，对环境将产生不可恢复的影响。

可持续发展的观念包含下列思想：面向未来，考虑子孙后代的生存需要，考虑人的基本需要和产品的基本功能，解决可循环能源和材料问题。

很明显，可持续发展改变的是几百年来的传统的经济发展观念，由原先的追求提高速度、无节制发展产量和数量，转变为改善生活质量，从而建立耐久的经济。改变了传统的工程技术系统和理论观念，要求创立新的持久工程技术，且技术和生产系统必须包括生态循环过程。改变了传统的技术价值观念，为了满足人类的生存安全和精神安全需要，设计建立持久性企业机构，以保证社会、精神、智力的长期安全稳定发展。

可持续发展的设计主要包括以下几个方面：

a. 建立持久性生活方式。

b. 建立新的持久工程技术。

c. 设计耐久产品。

d. 设计工业生态园。

④ 发展持久性能源。

通过上面的论述我们可以看出：可持续发展的设计建立在生态设计的基本概念之上，是生态设计在意识形态领域的更深层次的发展和提升。

可持续发展的设计和生态设计一样，都是建立在对自然系统和生态系统尊重和保护的基础之上。因此，它们共同构成了"以自然为本"的设计思想体系。

（3）以人为本的思想与个性化家具

以人为本说到底就是从人性出发，从人的本性出发来看待设计。因为关于人性的问题是一个复杂的社会学和哲学的问题，所以"以人为本"是一个抽象的概念。它涉及人的社会属性和个性的各个层面。

正因为"以人为本"的概念是一种社会概念，人的社会观、价值观、生活观，人的生活行为、习惯、爱好等大大小小的问题都是它研究的内容。所以，"以人为本"的思想是一种社会化的思想。它成为我们解决各种社会问题的方式方法。

但是，各个领域对它的阐释却是各不相同的。

就设计领域而言，自现代设计以来，"以人为本"一直是各种设计的基本指导思想之一。它强调以人为中心，从人的需要出发，充分考虑人的生理和心理，制定设计的指导思想，明确具体设计的概念，设计和生产出为人所用的各种物品。

从"以人为本"的基本理念出发，根据人的需要不断变化和进化，同时也演绎出了各种不同的设计思想；根据人的需求差异和通过从不同的途径来满足人的需要，产生了各种不同的设计过程和设计方法。所以可以说，"以人为本"的设计思想永远也不会过时。

对于家具设计而言，"以人为本"的设计思想主要是解决作为社会化的人性与作为个性的人性的关系、"以人为本"的技术体现、"以人为本"的艺术与审美体验等几个方面的问题。

需要特别强调的是："以人为本"的设计思想应该渗透到与设计有关的所有过程，包括设计理念的确定、设计过程本身、对设计的实现以及设计的后果等。

① 共性与个性的"以人为本"。

熟悉设计的人都知道这样一个事实，或者说遇到这样一个难题：设计没法让每一个体验设计的人满意。就一件家具产品而言，用户对款式、色彩、形式、体量、装饰、选材、质量、价格等的要求是千差万别的，是否有意见分歧的产品设计就不是"以人为本"的设计了？如果有个别消费者提出了对于产品的具体意见，这些意见是否就应该成为产品设计的依据之一？再说得具体一点，身高 2m 以上的篮球巨星使用的床，其 1960mm 的床梃长度是不合适的，但这是否就要否定关于床梃长度的国家标准？答案显然是否定的。如图 1-22 所示。

在中国的家具设计界，"以人为本"是被普遍提及但又被"滥用"的词汇之一。出现这种状况的主要原因有二：一是未真正理解人的需要，即人类的需要、大多数人的需要还是人的个性化需要的问题；二是不能充分考虑人的需求的多样性，即将人的所有需求加以协调的问题。因而几乎所有的设计都可以冠以"以人为本"设计的"美誉"，所有的设计都因为"以人为本"的标准而被否定。

我们认为，不同的设计对象和不同的设计任务所考虑到的人的需求范围的不同。对于一般设计而言，人的个性化的需求应建立在社会化的需求的基础之上。当人的个性化需求与社会化需求发生冲突的时候，社会化的需求是决定设计的根本因素。个性化的设计应体现在与其他设计相比基础上的与众不同的个性，而不是单纯地和片面地针对个别使用者的个性。

当家具产品是一种大批量的工业产品时，按照"以人为本"的原则，满足大众需要、适合大众审美是基本的设计依据；而当家具是按个别消费者要求而"量身定制"的时候，适合他（她）的每一个哪怕是再苛刻无理或再细致的要求都是合理的和应该满足的。

那么，这种共性与个性的矛盾是否是一个不可调和的矛盾？答案也是否定的。各种 DIY 设计、柔性化设计就能较好地解决上述问题。也就是说，随着对设计认识的提高和设计技术的发展，相信这些问题都会迎刃而解。如图 1-23 是一组"积木"式家具设计，消费者可以任意选择单件，拼合出自己满意的产品。

② "以人为本"的技术体现。

图 1-23 积木式家具

"以人为本"虽然是一个抽象的概念，但并不意味着就没有"操作"的可能。"以人为本"可以体现在具体的设计技术和设计结果中。

对于家具设计而言，人机工学原理的运用就是一个非常好的例子。

人机工学可以认为是在"以人为本"的理念指导下而诞生的一门科学。它主张设计的目的是实现"人—机—环境之间的最优化"，即实现最优化的人机界面，即使用界面。与人的知觉、思维、动作、情绪相接触的部分都叫使用界面。

人机工学的研究内容和研究方法都已为人们所熟知。这里我们所要指出的是，中国设计界对人机工学的研究还未引起人们足够的重视。例如：

当今家具设计所引用的有关人体尺寸的数据还是 20 年以前其他领域的研究成果。众所周知，中国人的身体特征已发生了很大变化，尤其是在近些年人们生活水平得到较大的改善后。尽管设计师在实际应用时已针对出现的这些变化作了适当的修改和调整，但适时的具有权威性的数据和标准无疑是必需的。

家具设计中人体工学的研究工作大致可分为两个方面：一是人体生理、心理的基础研究；二是在家具设计中的应用研究。前者涉及的内容较多且不是本书想研究的主要内容，这里不加赘述。

人机工学在家具设计中的应用是我们研究的重点。家具设计中运用人机工学主要落实到下面几个具体问题上：

a. 适合于人体尺度的家具尺度。

b. 适合于与家具有关的物的尺度的家具尺度。

c. 适合于人的生理、心理的家具形式、色彩和装饰。

d. 适合于人—家具"交互"的家具界面，如使用界面、功能界面、环境界面等。

如图 1-24 是一组强调使用界面设计的家具设计。

③ 对人的身心关怀和情感呵护。

家具设计要体现的对人的关怀主要通过家具在使用过程中对人的关怀来实现。

实现家具使用过程中对人关怀的"措施"应是全方位的，主要包括生理和心理两方面。

对人的生理关怀可以通过科学实验，将人的生理需求主要反映在设计上，这一需求相对来说不是一件难办到的事情。前面所说的人机工学研究的结果用于家具设计就是例子。

对人的心理关怀也可以称为是对人的情感呵护，最主要的是对人的审美体验的适应。

人机工学理念基础上的对审美体验的关注，可以认为是"人性化设计"风格的来源。审美体验的"以人为本"被认为是"人本主义"设计中最捉摸不定的因素。理由是人的情感特征既无一定的规律可循，又无相应的定势。

对于家具的审美特征和人对家具的审美过程，已在本书的前几节中具体论述，这里所要指出的是，家具设计师应将家具的审美上升到对人性尊重的高度来认识。换言之，不负责任的和粗糙马虎的设计不仅得不到良好的经济效益，更是对消费者的不尊重。

对审美体验的研究目前已由过去的感性研究水平上升到理性研究的高度。例如，日本筑波大学的学者利用计算机模拟技术，分析处在一定审美环境和面对不同的审美对象时，人会作出何种情感反应，并将结果进行记录、研究。在此研究基础上，学者们试图建立"感性工学"这一全新的学科。

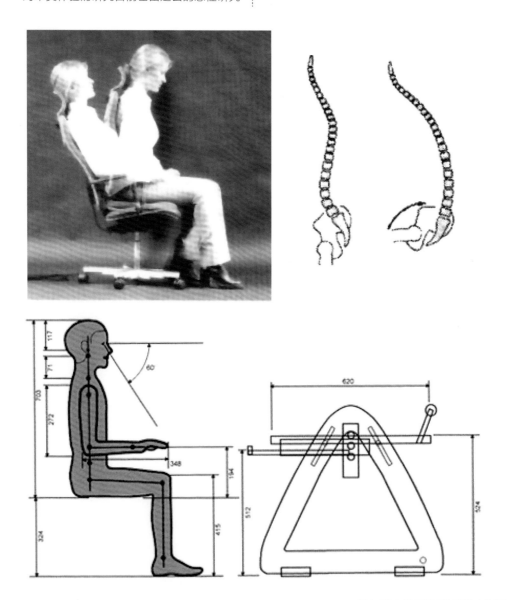

图1-24 人机工学在家具设计中的运用

1.3 家具设计

家具设计就是对家具的设计，它除了家具本身的如功能、形式、材料、结构等要素以外，还包括对家具的使用环境、使用方式和方法、使用效率、使用时的心理感受、家具与其他物体的相互关系等方面的设计。因此，家具设计是基于家具文化意义的综合性设计。

1.3.1 家具设计类型

按照不同的设计目的，可以将家具设计划分为家具产品设计和家具艺术设计两类。家具产品设计是指以产品为目的的家具设计，旨在塑造能为人们生活带来各种方便、效用和审美的家具产品。既然是产品，除了具有明确的设计文化思想外，还必然与功能、生产、技术、批量等具体的产品概念结合在一起。例如，一把椅子的造型设计，除了要考虑与椅子有关的设计文化外，最起码的设计标准是要保证它必定是一把能坐的椅子，因此它的造型必须具有合适的形态、稳定性、强度、合理的尺度，必须考虑它能用什么材料制作，通过什么技术、工艺制作，成本是多少等内容。家具艺术设计是一种艺术创作，可以认为是一种与绘画、雕塑、音乐、文学等艺术形式相同的艺术形式。家具艺术设计是一种纯粹的精神活动。同样还是一把椅子，如果是用这把椅子的形态来单纯地表达设计者的思想感情，这时的椅子就变成了一件雕塑，这把椅子是否能坐、是否能坐得稳等因素就变得不重要了。

事实上，由于家具产品设计同样也追求家具的美学价值，要将家具产品设计与家具艺术设计截然分开是不可能的。

（1）家具产品设计

家具产品设计以产品为设计目的，因此首先要了解产品的意义。

生产的物品称为产品，主要是指人们使用工具的领域，包括生活用器具、交通工具和机械等。通常的"产品"是指以实用功能为主体的商品，包括以机械化生产为基础的大批量的产品，也包括运用高科技手段生产出的满足个性需求的多品种、小批量、柔性化的、高附加值的产品。

产品设计是发现人类生活所真正需要的最舒适的机能和效率，并使这些机能、效率具体化，从而达到协调环境的目的。产品影响和决定着人们的生活方式和工作的劳动方式。换言之，产品设计的真正使命是提高人的生存环境质量，满足人类不断增长的物质需求，从而创造人们新的更合理的生活方式。

家具企业开发产品往往不是一步到位的，需要有一个探索的过程。探索与产品有关的社会因素、技术要素、市场要素，并修改原有的产品设计创意，继而为即将推出的产品"造势"。完成这一系列过程最好的手段就是进行产品概念设计，完成概念产品的制作，并利用展览会等机会让概念产品直面市场，征求关于产品的各种意见，同时为日后的产品开发准备必要的技术。

① 家具产品概念设计。

家具产品概念设计是一种设计探索，旨在探索一定的设计思想、设计理念。家具产品概念设计常常从某一设计理念出发，并围绕着这一理念展开，"论述"该命题中所包含的各种关系来阐述这一设计理念。概念设计是设计思想的物化。从这一点我们可以发现设计思想对于设计的重要性。

家具产品概念设计是一种技术探索，发现新产品开发所必须解决的主要技术问题。从新的创意出发到制作出概念产品，类似于应用技术研究中的"小试"。我们知道，一项应用技术成果的生产力转化需要经过"小试"—"中试"—"生产性实验"

- 设计理念：关于木材的技术与艺术

- 主要命题：用木材自身的性能（生物性能、物理力学性能、加工性能、装饰性能等）解决家具产品的所有形式和技术问题

- 主要技术问题之一：外观不出现不是木材或木质材料的配件。
（如利用木材的加工特性设计出"免拉手"的设计）

过程，其中"小试"一般在实验室完成，主要目的是检验技术思想的正确与否、现实生产的主要技术路线、生产力转化的基本可能性等问题；"中试"可能在实验室也可能在小型生产现场完成，主要解决生产工艺问题和取得相关生产工艺的技术参数；"生产性实验"的目的是验证生产技术，并摸索出成熟的生产工艺。通过概念产品得到产品的雏形，并提出将概念产品转化为商品的技术思路，为今后

的产品生产技术的研究做必要的技术准备。

家具产品概念设计是一种市场探索，检验企业将要开发的产品的市场前景，为产品开发探求方向。企业通过各种市场媒体如展览会、新闻发布会、网络、书报刊等推出概念产品，以便得到市场对于该种产品看法的各种信息：用户的审美反应、价格期望值、改进意见等，为日后的产品开发积累必要的素材。

概念产品设计最先在汽车工业领域被采用，现在已逐渐推广到家电产品、轻工产品、家具等领域。在家具行业，有许多企业利用展览会的机会推出概念产品，充分征求经销商和消费者的意见，对原有设计方案进行修改，在日后的恰当时机推出新产品。图1-25(a) 所示是某企业的产品概念设计草图。图1-25(b) 所示是征求市场意见后正式推出的新产品。

松木属于速生材，开采资源丰富

对绿色、生态的生活的追求

简洁、实用的审美理念

木质框式家具的结构形式

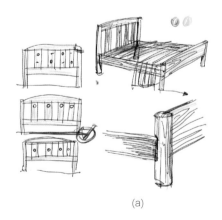

(a)

(b)

图1-25 概念设计草图和正式推入市场的新产品

家具产品概念设计是一种宣传活动。在当前条件下,一种产品、一个品牌在市场上很难"一炮打响",有可能要对将要推出的产品通过"吊口味"的方式进行"造势"。汽车领域经常出现这样的情景:在汽车展览会上出现一款好的概念车,吸引了一批消费者,这些消费者发誓非该款车不买,甚至对其他的优秀车都毫无兴趣。经过这一段"酝酿"过程,当该款车的产品推出时,畅销是自然的。与用大量的正式产品做市场试销、推广相比,这种宣传形式的代价就低得多。

家具产品概念设计是设计的一种形式,设计内容以宏观要素和全局要素为主,不一定深化到具体的技术细节。家具概念设计可能涉及家具功能定位、家具形态、主要材料、基本结构类型、日后产品的价格定位等有关设计、技术、经济、市场的因素,是对产品的一种"说明"。这些说明对宏观要素和全局要素以"提出问题"的形式来表达,局部和细节的问题留待今后的开发工作去解决。如图1-26所示。

家具产品概念设计是一种学术活动。关于设计的学术交流可能以多种形式出现,其中对设计理论的理解和论述、针对设计作品的交流与批评是主要的形式之一。以概念设计作品为题材进行学术交流,当自己的设计思想一旦确定后,就可以以最快的速度表达其思想,而不一定等到作品最终完成。以概念设计作品为题材进行学术交流还避免了有关作品知识产权、市场机密的纠纷。如图1-27所示。

图1-26 主要涉及家具形态的家具产品概念设计

图1-27 体现"再生"设计理论的家具产品概念设计

② 家具产品造型设计。

家具产品造型设计首先是一种造型活动，同时它是一种与产品有关的造型活动。如果单纯作为一种造型活动的话，严格说来是没有任何限制的；但作为一种与产品造型设计有关的设计活动，其设计就具有了相应的限制。

a. 形态的限制。产品具有明确的物质功能目的，这些物质功能需要借助于一定的形态来实现；反过来，形态的功能性也十分明确，一些特定的形态实现一些特定的功能。产品造型形态不能完全依设计者随心所欲。床是用来睡眠的，功能表面应该是水平、平整的，不能将床面设计成倾斜的和凹凸不平的。要想让床的设计别具一格，设计者会将更多的设计花在床身、床头和其他部位上，而不是在床面的形态上下工夫。作为一件坐具，必然要有足够大小的座面，否则就不能成为坐具。无论椅子的结构形式怎样构成，座面都应该是一个"面"，而不是一个"点"或一条"线"。

在绘画等艺术创作形式中，只要我们能表达得出的各种形态都可以用于造型设计，但产品的造型设计不尽然。可以表达但制作非常繁琐的形态不利于在产品中出现。如各种复杂的有机形态等。当然，个性化产品另当别论。

b. 材料的限制。产品最终是由对应的材料生产出来的，各种不同的材料具有不同的特性如功能特性、物理力学性能、加工特性等，因此不同的材料具有不同的造型特性。这就是通常所说的材料的设计特性。某种材料只适合一些特定的造型，对这种材料的使用就应该遵循其规律。如木材，当它以大方材、厚板材的形式出现时，表现出规整的几何特征；当它以线材和薄片形式出现时，可以加工成曲线或曲面的形式；人造木材则可以和塑料一样，按照人们预想的形态来进行成型，如图1-38所示。

概念设计可以假想一种具有独特造型特性的材料用于造型设计之中，而后等待科学技术的进步来实现这一"愿望"。而产品造型设计必然是以现实材料为设计依据。产品设计师在注意材料的固有特性、材料外观特征、材料的肌理等特性的同时，还得注意材料制造、加工便利的特征，经济成本及材料的废弃与再生利用的特性。

在这里，我们尤其强调产品设计师对材料的熟悉与了解。材料是设计的灵魂。

图1-28 人造木材表现出来的优良的造型性能

c. 生产技术的限制。把一定的材料加工成我们所需要的产品形态，生产技术起着关键和决定性的作用。科学技术尚未发展到可以将任何材料进行随意加工的程度，即使是对同一种材料的加工，不同的生产企业其加工手段也各有不同，有先进和落后之分。因此，产品造型设计必须考虑现有的生产加工技术状况。

中国当代家具产品设计与世界发达国家的产品相比，细节的设计是一个明显薄弱的环节。而对细节的设计在很大程度上决定于生产技术水平。中国当代家具产品质量问题也是困扰着许多企业的严重问题之一。在现代生产条件下，人即加工工人的素质对产品质量的影响越来越小，生产硬件的质量对产品质量的影响越来越大，产品质量问题与生产技术水平的关系也非常密切。

d. 成本的限制。产品造型设计最终的目的是设计出受消费者喜欢的产品，从而赢得市场，争取最大的经济效益。利润靠购买来实现，消费者购买产品时不得不考虑产品的价格，而产品价格的最终决定因素是生产成本。

产品造型设计可以从根本上控制产品的成本。产品造型设计决定了材料的使用、材料使用数量，从而决定了产品的材料成本；产品造型设计决定了产品形态，从而决定了产品的生产工艺成本；产品造型设计决定了加工的难易程度，从而决定了产品的加工成本；产品造型设计与生产技术密切相关，从而决定了产品的技术成本；产品造型设计决定了产品功能、使用性能是否合理，从而决定了产品的维修、使用成本；产品造型设计对产品的包装、运输成本也有着直接和间接的影响。因此，"产品的成本是设计出来的"。

综合使用和市场的要素，对任何产品都必然有成本限制，造型设计就必须考虑这个因素。

e. 市场的限制。产品造型必须符合消费者的审美需求。消费者的审美分为大众审美和个性审美。在一定条件下，设计师的审美取向与消费者的审美取向不一定完全相同。换句话说，设计师欣赏或喜欢的造型不一定得到消费者的认可，这就需要设计师在这种区别之间做出选择。也许最终确定的产品造型不一定是设计师满意的造型。

（2）家具艺术设计

概括起来说，家具的类型有两种：一是作为产品形式出现的家具；一是作为艺术形象出现的家具，如图 1-29 所示。

图 1-29 艺术家具

1　家具设计概论　/　037

由于家具设计的目的不同，家具造型设计的思维和手法也不一样。家具艺术历史悠久，形式也丰富多彩。概括起来，家具艺术主要以下列表现方式存在：艺术创作的载体；工艺美术家具；室内陈设艺术品。

① 艺术创作载体。

家具自出现以来就以日用品和艺术品的形式出现，到现在为止，这种情况还一直延续着。我们经常看到许多如"行为艺术"类型的家具、如"雕塑艺术"的家具等，这些都是以纯艺术的形式存在的。

这些以纯艺术形式出现的家具在设计过程中没有固定的模式，一切以设计者自身为准则。如果要说有什么方式、方法的话，它们遵循的是艺术设计的原则，是一种纯粹的艺术创作。

家具的功能形态及其功能形态的"异化"既是人们熟悉的一种形态，同时又是一种人们喜闻乐见的创作素材，如图1-30所示。

家具形态与人们日常生活联系在一起，贴切地反映人们的生活行为，是"行为艺术"创作不可多得的题材，如图1-31所示。

图1-31 家具造型作为行为艺术设计

家具形态是一种可视的空间形态类型，构成形式千姿百态，构成手法灵活多变。以家具形态构成为基础的艺术形态具有典型的"雕塑"艺术感，如图1-32所示。

图1-30 功能异化的家具艺术造型

图1-32 立体（空间）构成的家具造型

图 1-33 家具造型艺术中材料艺术特性的发挥

家具形态是一种实体物质形态，融材料、结构、肌理、色彩等艺术造型元素于一体，可以充分反映创作者的思想、感情、审美观等精神要素，如图1-33所示。

总之，关于艺术创作的形态构成规律、形式美的法则等创作手法都可以借助家具反映出来。就像人们可以用绘画、文学、电视电影等不同媒体来进行艺术创作一样，家具形态也是艺术创作的载体之一。

②家具的工艺美术设计。

a. 家具的工艺美术特点。工艺美术种类繁多，家具在其中扮演着十分重要的角色。工艺美术是生活的美术，涉及人们的各个生活领域，如食、衣、用、住、行等，其中家具影响到用、住两方面。从工艺美术的功能目的来看，大体可分为生活日用和装饰欣赏两大类。家具从诞生之日起就既是日用的器具，又是一种关于装饰的艺术。从古代至今，有很多纯粹用于装饰、装点的家具类型，如古代家具中的花几、香案等。从工艺材料角度对工艺美术进行分类的话，木器占有很大的比重，而家具是主要的木器类型。从制作方式角度来看，工艺美术可以是手工制作形式，也可以是机械生产等现代化生产方式。家具生产同样经历了从手工生产向现代化生产转化的过程。传统家具以手工生产为主，现代家具以机械化生产为主。家具融传统工艺、民间工艺、现代工艺于一体。即使是当代家具产品，仍可以发现各种工艺类型的痕迹，如图1-34所示。因此，家具的历史本身就是一部关于工艺美术的历史。

图 1-34 具有工艺美术特征的现代家具

b. 由家具的功能形态本身所成就的艺术造型。由于家具与人们的日常生活行为发生密切关系，而人们的生活行为又是千姿百态的，所以以"生活用品"为目的的家具形态必然是丰富多彩的。许多满足人们使用目的的家具形态本身就是一种艺术形态。其具体反映如下。

a）由"多功能"设计目的产生的家具组合造型。我们可以把组合家具整体分解成各种不同功能的造型单元，各个造型单元按照一定的形式美的法则进行排列、组合，从而塑造出具有艺术感的整体造型，如图1-35所示。

b）由体、面、线、点、色彩、质感等形态要素构成的形态构成形式。家具的不同功能单元、功能部件以不同的形态出现，如各种柜体以"体"的形式出现，台面、桌面、独立的板块等以"面"的形式出现，腿、支撑、板件的侧面等以"线"的形式出现，拉手、装饰件、配件等以"点"的形式出

现；材料本身的色彩、生产过程中（涂饰、覆面等工艺）对材料的附加色，使得家具表面色彩变化无穷；木材朴实无华、清新自然、温暖调和的质感，金属材料光亮洁净、细腻的质感，织物柔和缠绵的质感等，都可以充分反映出创作者的思想和情绪，其表现力无穷无尽，如图1-36所示。

图1-35 多功能家具构成的艺术形态

图1-36 家具艺术形态构成

c）不同使用功能的家具单体形态所表现出来的艺术感染力。通过椅子、台、桌等需要支撑的家具形态所塑造的"力度感"，如图 1-37 所示。功能单元的重复如抽屉的排列、构件的并置等形成的"节奏感"和"韵律感"，如图 1-38 所示。沙发等功能简单或单一的家具形体的形态可变异性，如图 1-39 所示。功能不十分明确，可自由发挥的家具形体等，如图 1-40 所示。

图 1-37 具有力度感的家具

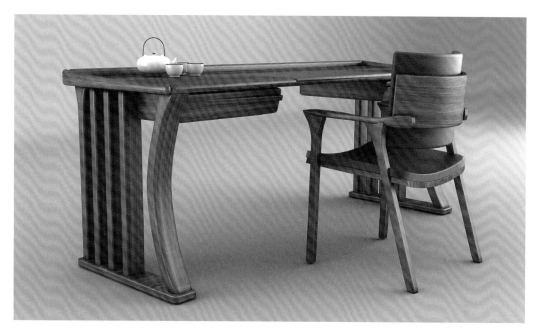

图 1-38 家具零部件排列所形成的韵律感

图 1-39 由使用者创造发挥的设计

图 1-40 使用过程中由使用者自由想象的家具

d）家具制品各细部处理表现的工艺美。家具细部处理成为家具设计师不可忽视的重要环节。一个圆角、一个倒棱，一个拉手形状的设计处理，拼缝的连接，都成为设计师展示才华的"舞台"。如两个零件的接缝处的处理，如果不加任何设计让它们直接接合的话，接缝裂开是不可避免的，而且这种接缝直接反映出家具品质的好坏。设计师巧妙地在其中"插入"一连接件，或者将相互连接的部位倒圆，故意让接缝更明显，则可以改善接合处的视觉效果，家具不但不会因接缝的存在显示不雅的细部，反而会使细部更加生动和精彩，如图1-41所示。

e）精良的质量品质所反映出来的技术美。家具消费者中有一种"共识"：家具的艺术性在某种程度上是"公说公有理，婆说婆有理"，而家具的精良品质是"有目共睹"的，精良的品质可以改善家具的艺术审美认识，精良的品质可以"弥补"家具艺术气质的不足。

f）家具的装饰特征。家具艺术和其他艺术形式如建筑、绘画等一样，具有不同的艺术风格。体现家具不同的艺术风格的特征很多，其中主要是通过家具装饰特征来体现。装饰形式、装饰图案、装饰方法的不同，赋予了家具不同的艺术特色。

图1-41 家具细部处理表现家具的工艺美

图 1-42 家具的结构特征"外露"

图 1-43 曲木家具类型

图 1-44 藤家具

c. 充分发挥家具材料的特点以及所展示的各种家具成型工艺。

家具具有它特有的工艺形态。除了不同功能的家具其形态各有差别外，主要表现在不同的家具材料所构成的家具形态具有较大的区别。

实木家具是最传统也是最常见的家具类型。最初的实木家具结构基本采用榫卯结构形式。这种结构形式具有很强的手工工艺的特点。现代家具也采用榫接合的结构，为了强调家具的工艺特征，有很多设计故意将这种结构特征"外露"，如图 1-42 所示。

实木家具中工艺特征较强的还有曲木家具类型。通过特殊的工艺将木材加工成各种弯曲零部件，再拼装成家具。这种家具类型具有独特的性格品质，如图 1-43 所示。

木材是一种工艺性很强的材料，用它来生产家具时，可以对它进行多种形式的加工，如：锯、刨、铣、钻、磨、车、弯、雕等。不同的加工手段带来家具、家具零部件不同的形态特征和视觉特点，从而赋予家具不同的艺术性格。

竹、藤类家具以竹材、藤材为主要材料制成。竹材、藤材可以进行诸如编、织、绑、扎等手工艺特征极强的加工。因此，竹、藤类家具的工艺特征最强，如图 1-44 所示。

Q&A:

塑料材料可以被加工成各种形状，因而受到设计师的青睐，如图 1-45 所示。芬兰著名设计大师库卡波罗教授一直希望能设计出完全适合人体形状的座椅，并经过了多次实验，直到"玻璃钢"材料问世，他才如愿以偿，终于设计出了被公认为最舒适的椅子，如图 1-46 所示。

对织物、皮革等材料的加工近乎可以随心所欲，因此这类材料一直是家具设计师关注的重点。通过使用这类材料，设计师们创造了艺术特征极强的家具，如图 1-47 所示。

近来，被称为"铁艺家具""石材家具""玻璃家具"等各种材料类型的家具制品不断问世，受到了消费者的青睐，如图 1-48 所示。

图 1-46 玻璃钢材料成就了良好的功能

图 1-47 织物在家具中的运用

图 1-45 塑料家具

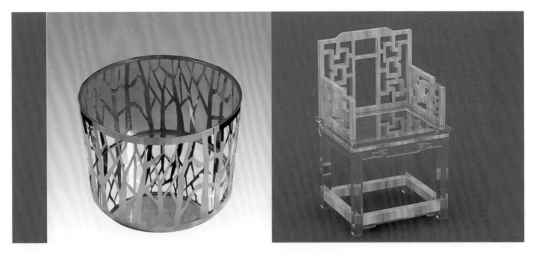

图 1-48 各种材料的家具

所有这些，都是针对各种家具材料不同的生产工艺特点而设计的款式各异、风格迥异的家具类型的例子。在这里，"材料是设计的灵魂"的论点再一次得到验证。

d. 家具的装饰特征和装饰手法设计。家具的装饰特征是家具的基本形态特征之一，可以说有家具就有装饰。

总结家具的装饰特征可以从下列几个方面着手：家具装饰的作用、装饰的手法、装饰的基本元素（如装饰图案、线脚形式、细部处理等）等。

从家具的装饰作用来看，有功能性装饰和形式性装饰两类。前者将家具的功能与装饰结合在一起，既有确定的功能作用，同时又具有装饰的作用；后者则纯粹为了装饰。这在某种程度上成为家具装饰设计思想的"分水岭"，如"装饰主义"为了装饰而装饰，而"功能主义"设计思想反对多余的装饰，主张装饰为功能服务。如图1-49所示是一组拉手的设计，拉手无疑是家具的功能件，如果对拉手的设计稍加考究，拉手同时又成为家具表面生动的装饰元素。

家具的装饰手法多种多样，主要有如下几种：

a）表面装饰设计（不同材料的表面装饰设计）。家具表面装饰是家具的基本装饰类型之一。

家具表面装饰的作用有二：一是改变家具的功能品质；二是改变家具的视觉印象。

涂饰是常用的装饰手法。涂饰可以有效地保护家具表面材料。木材经过涂饰以后，可以改变木材的表面质感、耐磨性能等品质。金属表面经过涂饰，既可以改变金属的表面质感，又可以抗腐蚀、抗氧化。涂饰装饰可以将涂饰材料的色彩附加在家具表面上，从而使家具的色彩千变万化。如图1-50所示是在相同的木材表面上做不同色彩的涂饰，成就了不同的家具色彩。

图1-49 一组具有装饰性的拉手

图1-50 涂饰工艺改变了家具的颜色

图 1-51 人造板表面的覆盖处理

覆盖是将一种装饰性能好的材料采用相应的生产工艺覆盖在家具基材表面。我们通常所见的板式家具就常采用这种装饰形式。由于板式家具所用的基材为人造板如胶合板、中密度纤维板（MDF）、刨花板等，而这些材料的表面装饰性能都不同程度存在一些缺陷，我们采用装饰纸、塑料装饰薄膜等装饰材料，采用不同的方法（如手工粘贴、滚贴、机械高温压贴、机械真空粘贴等）将其覆盖在人造板表面上，所反映出来的表面品质就是这些装饰材料的表面品质。覆盖本身也可以是多种形式，如人造板表面贴薄木或微薄木，除了整张、整块覆贴外，还可以根据薄木或微薄木的不同纹理、树种、色彩等性质进行拼图粘贴，如图 1-51 所示。

图 1-52 织物的褶皱

针对不同的材料可以采取不同的表面装饰方法。如金属材料表面可以进行镀膜、喷塑、氧化等处理。玻璃材料表面可以进行喷砂、磨砂处理。皮革材料表面可进行压花处理。各种织物可进行拼接、褶皱、钉皱处理。图 1-52 所示是织物的褶皱。图 1-53 所示是皮革的鼓泡钉边缝固定处理。

图 1-53 固定皮革的鼓泡钉

b) 雕刻装饰设计。由于传统家具和当代大部分家具均是以木材和木质材料为基材，而木材和木质材料的加工特性中的雕刻性能是其他材料无法比拟的，因此雕刻一直是木质材料表面装饰的重要手法之一。雕刻的类型、手法、图案很多，各种材料的雕刻工艺特征也各有不同，这些将在其他的章节中详细加以讲述。图1-54所示是家具表面的雕刻装饰案例。

c）其他工艺装饰类型。各种艺术手法均可用于家具装饰。下面简要列举几例。

镶嵌：将一种材料采用特殊的方法以实体的方式"置入"另一种材料之中的工艺类型。例如，将金属、石材、贝类等嵌入木材内，通过这些材料与木材不同色彩、不同质地的对比，或利用这些被嵌入材料所构成的图案等因素来形成一定的装饰效果，如图1-55所示。可用于镶嵌的材料很多，除了上述列举的金属、石材、贝类外，还有玻璃、塑料、竹材、藤材以及制品等，不同树种的木材本身也可用于镶嵌装饰。运用镶嵌装饰时要考虑的主要技术因素是基材与被镶嵌材料之间的收缩与膨胀性能。

绘画：以家具为基体，在家具表面上直接描绘，如图1-56所示。

图 1-54 雕刻装饰处理

图 1-56 家具表面绘画装饰

图 1-55 镶嵌乌木、象牙装饰的家具

Q&A:

做旧：采用一些特殊的方法，让家具表面或家具整体呈现出污渍、变色、破损、磨耗、虫蚀、多次易主等特征的历史沧桑感，如图 1-57 所示。

烧灼：木质家具表面采用烧灼的方法形成特殊的质感和色彩。木材表面由于边、心材和早、晚材的质地、结构疏密、硬度等均有所不同，采用喷烧的方法，可以在质地疏密、松软不同的部分产生不同深度和不同程度的烧灼和炭化，从而产生不同的表面效果。通常是心材、早材等质地松软的部分因烧灼较多而产生"凹陷"，相对的边材和晚材等质地密实的部分因烧灼程度较轻而"凸起"，形成特殊效果的凹凸棱。在木材和人造板表面可施行烙烫处理，被烙烫部分焦化或炭化因而产生不同的焦黄或焦黑色彩，烙烫出不同的图案。

总之，一切能产生特殊装饰效果的装饰工艺均可用于家具装饰。

分析上述家具艺术造型的手法和特点，其目的是指导家具设计师的艺术创作，为设计者提供基本的创作思路和创作手法。

③ 家具作为室内空间陈设艺术。

建筑史、室内设计史、家具史的研究表明：家具与建筑共生相伴；家具的艺术、技术与建筑艺术、技术相互依存、相互促进；家具作为建筑、建筑室内空间功能的补充与深化而存在；现代家具在现代建筑设计中扮演着非常重要的角色。

在前面我们已经论述了家具在建筑室内空间中所起的作用，这里具体阐述怎样使家具成为室内空间陈设艺术的一部分。

a. 室内空间功能的完善。现代设计原理告诉人们：艺术设计为功能设计服务，形式离不开功能，形式设计与功能设计共同构成设计的主要内容，二者密不可分。因此，在探讨造型设计时，功能是不可缺少的内容。家具存在于室内空间时，家具功能作为室内空间的核心功能所起的作用是不容忽视的。

图 1-57 家具表面做旧装饰

对室内空间功能的设计本身就是一种艺术。同样的，功能可以采取不同的形式、不同的形态、不同的过程来实现。例如，室内空间的分隔既可以采取类似墙体的构筑性"隔断"来实施，也可以采取布置家具的方式来实现，如图 1-58 所示。

图 1-58 家具用来分隔室内空间

图 1-59 家具用来点缀室内空间

室内空间中的大部分功能是借助于家具体现出来的。对于一间空旷的室内空间来说，即使对室内空间界面（顶棚、地面、墙体、门窗等）进行了实质性的装修和装饰，仍然可以认为无性质和风格可言，但当补充了必要的陈设、家具之后，其状态就明显发生了改变。

不同的功能形式对应着不同的造型形式，与家具相关的相同的室内功能也可以通过不同的家具造型反映出来。这为家具设计创造了丰富的想象空间。当室内空间的基本功能决定以后，家具可以使一些抽象的功能实现得更加具体和具象；家具还可以作为点缀和补充，使室内功能实现得更加完善和生动，如图 1-59 所示。

b. 组织室内空间构成。建筑设计和室内设计的基本任务之一是营造和组织室内空间构成。构成室内空间的手段多种多样，合理地利用家具是其中的手段之一。例如在合适的建筑空间部位构筑家具，让其充当建筑实体的一部分，或者合理地利用家具布置来组织室内空间等。这时的家具设计就成为了建筑设计艺术的重要组成部分，如图 1-60 所示。

图 1-60 家具用来组织室内空间

c. 塑造室内空间形态。当建筑设计完成之后，室内空间形态的雏形已基本具备，考虑到建筑外形的变化，建筑设计所形成的室内空间形态往往会存在许多缺陷，室内设计的任务就是补充、完善、丰富这些内容。吊顶处理、地面处理、墙体的处理除了改变这些建筑因素的品质外，改变它们的基本形态也同等重要。

室内设计最基本的内容之一是家具设计。这时的家具设计就成为了在室内空间整体构图中的局部空间形态设计，甚至是脱离家具原有意义上的空间艺术创作。

一组吊柜的设计改变了原有墙面平面的形态，使墙面有了深度方向的层次和变化，如图 1-61 所示。楼梯下方固定式柜体的设计，改变了楼梯形态的虚实对比。同样是具有睡眠功能的卧室，由于选用的床具类型不同，室内空间的形态构成发生了明显变化。

图 1-61 吊柜改变了原有墙面平面的形态

图 1-62 家具色彩成为室内色彩构成的重要组成部分

从上面的例子可以看出：家具在室内空间形态构成上具有非常重要的意义。如果把一个室内空间形态设计当作一个空间形态构成艺术整体来看待的话，家具形态就是这个整体作品中的细节。

d. 丰富室内空间色彩。室内空间形态同样强调色彩的作用。家具色彩是室内空间形态色彩构成的重要组成部分。

家具色彩可以是室内空间色彩的主色调，也可以成为补充色或点缀色。在不同的情况下，对家具色彩的设计显然是不同的。这也是目前室内装修工程中室内设计师普遍采用"定做家具"方法的原因。由于市面上已有的家具是按照家具设计师对产品的色彩的认识来设计的，但其色彩构成不一定适合具体的室内色彩设计要求，与室内设计整体要求相适应。在选用家具配置时，室内设计师往往有自己特殊的要求，如图 1-62 所示。

e. 独立的室内空间艺术形态。前面已经说过，如果把室内空间比作一个"场景"的话，家具就是其中一个个鲜活的"角色"，每一个角色都可以自由发挥或"逢场作戏"，这时的家具便成为了一个个独立的艺术形态。例如，中国明式家具包括古典的和当代仿制的，都是作为一种陈设艺术被布置在西方国家的许多家庭里。他们没有把这些家具仅仅当作"家具"来使用、来看待，而是当作一件精美的艺术品来展示、陈列。许多公共室内空间也有许多这样的设计案例，如图 1-63 所示。

图 1-63 公共室内空间中作为艺术陈列品的家具

总之，家具是一种"多面手"，它可以充当许多不同的"角色"，家具可以是以多种"面貌"出现的，以"家具艺术"的形式出现，是它本来的面目之一。需要反复强调的是：这里虽然将家具造型设计归结为家具产品造型设计和家具艺术造型设计两大类，并不是代表它们是截然分开的两种类型。家具产品造型设计同样也要强调家具的艺术美，家具艺术造型设计与产品设计的具体要素同样密不可分，只是两者在设计目的上的侧重点不同而已。

④ 家具艺术创作方法。

a. 生活是创作的源泉——深入生活、表现生活、美化生活。生活是一切艺术创作的来源。我们所见的各种艺术形式如绘画、雕塑、音乐、文学创作等都离不开生活。家具与人们的生活息息相关，关于家具的艺术更离不开生活。

社会生活成为家具艺术创作的主题。家具艺术设计需要关注社会矛盾、社会生活方式。例如：可持续发展的社会问题带来了许多绿色生态设计的作品；"传统与现代"的主题产生了许多关于对传统的认识的设计；"国际化与本土化"的问题使许多设计师深入地进行国际化特征设计的研究和使本土设计元素国际化的创作。

日常生活提供了家具艺术创作的内容、形式。任何艺术都需要用一定的形式加以表现。由于家具与人们日常生活密切联系，因此家具用来表现日常生活中的美很容易被人们接受和理解。再者，将人们日常生活中的所见所闻表现在家具设计艺术上，也是家具艺术设计常用的技法之一。

为美化生活而设计是产生家具艺术设计的途径之一。按照人们的常规思维，家具与建筑、室内发生关联并存在于室内环境中，为配合建筑、室内空间艺术而进行的家具设计是家具艺术设计最常见的表现方式。

b. 工艺思维与工艺设计方法。家具自古以来就深深地打上了工艺美术的烙印，这是因为最初的家具是通过手工艺手段制作而成的。工艺美术设计思维最重要的一个特征就是将技艺、技能作为艺术创作的手段融入到作品的创作过程中。中国传统家具史中的明清家具可以认为是家具艺术中的珍品，如图1-64所示。它们把木工手工制作、雕刻、镶嵌、漆艺等多种工艺美术手法用于家具设计与制作中，成为了中国传统艺术创作的大型篇章之一。

图1-64 中国明式家具堪称家具艺术的典范

这种将工艺思维用于设计的方法至今仍为许多家具设计师所采用。中国当代著名家具设计师朱小杰先生从家具材料和家具手工制作技艺中获得灵感，吸取中国传统家具艺术的精华，创作了大量的优秀家具设计作品，如图1-65所示。

图1-65 由木材获得的设计灵感

不同的家具类型在体现家具的工艺美术特质上会有不同的表现手法。木质家具常用的表现技法包括结构技巧、制作技艺和装饰技术三类。其中结构技巧主要包括家具的框架结构、特殊部位的特殊结构等；制作技艺包括加工方法、加工和装配顺序等；装饰技术包括木雕、镶嵌、金属和特殊材料的装饰、家具的表面装饰等。竹、藤类家具至今仍然具有强烈的工艺美术作品的特征，这是因为这类家具与木质家具相比，手工加工程度仍然很高。

c. 科学技术在家具艺术中的运用。家具艺术设计非常重视科学技术在设计中的运用，尤其是当今时代背景下，任何艺术形式都避免不了科学技术对它的影响。熟悉艺术设计史的人一定知道：科学技术在艺术设计发展的历史发展过程中起到了不可或缺的作用。现代设计风格与大工业生产技术紧密联系在一起，计算机技术深刻影响了当今艺术设计主流风格的后现代设计风格、新现代设计风格、波普风格等。

科学技术对设计的影响一般通过两种方式：一是科技本身在设计中的直接应用；二是科技影响社会文化，间接但更深刻地影响设计。这里以计算机技术对家具设计的影响为例，简单地说明科学技术在家具艺术中的运用。

设计之初，设计师要了解、收集和处理相关信息，计算机可以发挥巨大的作用。设计构思的思考活动尽管非常复杂，但现在人们可以用计算机来模拟设计思考活动，利用计算机人工智能系统来执行设计中的理性部分，而让人把注意力集中在感性与创造性的部分。如，可利用计算机处理设计中出现的有关强度、应力等复杂的数学计算问题。能使设计师产生无限遐想的是计算机三维技术使用过程中所出现的在常人看来是"不可思议"各种瞬间可视三维图像。这些图像是设计师难以甚至是无法用手工绘制出来的。这使设计构思活动又多了一个"创作源"。

近年来，虚拟模型（virtual prototyping）和快速模型（rapid prototyping）技术得到越来越广泛的应用。虚拟模型主要是指直接由计算机产生的产品模型，可以对家具的任何元素如形状、材料、质感等进行精密分析与模拟，各种图库如材质库可以信手拈来。还可以立刻改变透视角，以便获得许多不同角度的透视图供设计参考。虚拟模型具有由计算机建立的各种形状和运动机构，设计师可以直观地展现它的形状，也可以用运动的函数关系式来驱动各运动机构以模拟各机构的动态操作原理、特性及功能。快速模型是实际工作的模型，但并非手工模型。快速模型技术种类很多，常见的是激光烧结技术和计算机技术的结合。通过由CAD产生的模型数据来控制一台扫描仪，扫描仪将一束激光反射到槽中的液体表面上，并使材料的表面层正好在激光到达处得到迅速硬化（烧结），烧结的大小、位置与CAD中的产品模型的相应截面完全吻合。然后再在其上覆盖一层新的材料，再由激光束扫描硬化。如此往复，将所有硬化的层叠加起来，就得到实体模型。

使用 CAD 进行设计时，设计师画出任何一个形体的同时，其在空间的位置大小、体积等形体关系都会自动产生。如果需要从另一个观察角度来看的话，也只是点击一下鼠标的问题。这是手工绘图无论如何也达不到的。

在对形体进行修改时，计算机也同样表现出了巨大的优势。移动、缩放、删除、改变颜色等功能是大家熟知的，新一代的 CAD 系统还引入了更强的功能，它能迅速记录下每一个形态的几何信息，而且能记录下每一次造型操作的过程及结果，并在系统里自动产生一个操作链，必要时可对该操作链上的任何一个节点（存储了该次操作的过程和结果）进行修改和删除。这个过程包含了两种崭新的 CAD 技术，即基于特征的设计（feature-based design）和参数化设计（parametric design）。

由此可见，计算机已成为设计工作的助手。习惯于用计算机进行创作的人可能认为它是一个不可替代的助手。有人这样总结计算机在艺术设计创作中的作用：不仅是作为一种具有超级模拟能力的工具，同时也是一个深不可测的未来创造者。有时由它所得到的结果是远在人的意料之外和超乎人的正常逻辑想象的，因而它完全具备了一个投石问路的先行者的资格。不仅如此，借助于计算机，我们还可以尽情地但有时是似是而非地把人的各种设计理念加以解释、演绎和推断。

但也有很多人不以为然。尽管大家公认计算机在信息处理、形体表现以及设计中是非常有效的，然而对计算机持反对意见的人士认为设计构思是一个非常感性的、凭直觉进行的过程，只能通过徒手速写或实体模型的形式来有效地进行方案的构思和表现。而使用计算机将使这些感性和直觉受到影响，因为使用计算机时，设计师的大脑里被迫"多了一层思考"（即对计算机程序命令使用的思考）。有人认为：计算机软件本身已带有一些绝对的观点，这些观点有的被辅助作为设计的逻辑推理，有的被

作为判别是非的标准在设计过程中加以运用。显然这对于设计创新和设计的个性化是极为不利的。

综合上述各种观点，我们认为：无论计算机技术发展到何种程度，它最终只能是人的"助手"，永远不能替代人本身，永远不可能代替人来进行各种设计构思和创意。

1.3.2 家具设计的基本原则

家具设计是一种设计活动，因此它必须遵循一般的设计原则。"实用、经济、美观"是适合于所有设计的一般性准则。家具设计又是一种区别于其他设计类型（如建筑设计、视觉传达设计）的设计，因此家具设计的原则具有其特殊性。归结起来，主要有如下几点。

（1）科学原则

按人体工学的要求指导人机界面、尺度、舒适性、宜人性设计，避免设计不当给人带来的疲劳、紧张、忧患、事故，以及各种对人体的损害。

从设计学理论出发，遵循一定的设计理念、设计思想进行设计，体现设计的社会性和文化性；按各种艺术设计方法（如形态构成原理、形式美的法则、符号学原理等）、系统论方法、商品学原理等科学方法进行设计；遵循力学、机械原理、材料学、工艺学的要求指导结构、运动、零部件形状与尺寸、零部件的加工等设计，避免不合理的设计。

（2）辩证构思原则

设计过程中的各种矛盾是不可避免的，如功能与形式的矛盾（如通过强度计算得出的零件截面积的结果与尺寸在视觉上的强度效应之间的矛盾）、技术与艺术的矛盾（如一个让设计师不忍心放弃的外观形式却不具备现有的和潜在的制造技术）、企业与社会的矛盾（如红木家具生产厂家对珍贵树种的需求与社会生态保护之间的矛盾）、产品设计与产品营销（如设计策略与营销策略的差异）、设计

理想与市场的矛盾（如设计师与顾客之间的审美差异）等，需要家具设计师根据自己的判断运用辩证思维的原理指导家具设计，正确处理艺术、技术、功能、造型、材料、工艺、物理、心理、市场、环境、价值、效益等诸多问题。

（3）满足需求原则

即正确处理市场需求的多样性、人的需求的层次、生活方式的变化、消费观念的进展等问题，分别开发适销对路的产品。

在此原则基础上，我们认为："没有最好的设计，只有最适合的设计。"例如：一些外形简单但适合大批量生产、造型单调但具有较高的实用价值、用材普通但具有较低的成本、耐久性较差但适合临时使用需求的产品，用设计的一般原则来衡量这类家具时，的确不能算是好的设计和好的产品，但考虑到一些特定人群（如低收入人群）和特定市场（如相对贫穷的农村市场）来说，对设计的评价就可能该另当别论。

（4）创造性原则

设计的核心是创造，设计的过程就是创造的过程。设计中要反对抄袭，反对侵占他人知识产权，要提倡产品创新，提倡个性开发。

按照市场学原理，创新的产品在它产生的过程中企业可能会面临较大的风险，甚至要承担本不该由企业独自承担的社会责任，但是我们同时也要看到：创新产品的背后往往蕴藏着巨大的商机和良好的社会效应。

（5）流行性原则

家具审美具有大众审美的特征，时尚性已经成为家具审美的主要方面。设计要表现出时代特征，要符合流行时尚，与时俱进以适应市场的变化。

（6）可持续发展原则

要在资源可持续利用的前提下实现产业的可持续发展，因此家具设计必须考虑减少原材料、能源的消耗，考虑产品的生命周期，考虑产品废弃物的回收利用，考虑生产、使用和废弃后对环境的影响等问题，以实现行业的可持续发展。家具产品与人们的生活息息相关，在此原则基础上的设计，可以确保家具产业永远立于"朝阳产业"的地位。

（7）系统性原则

家具设计虽然最终反映出来的结果是家具产品，但设计过程中所涉及的问题却是多方面的。因此，设计师必须以系统的、整体的观点来对待设计。

家具产品与社会系统、市场系统、原材料供应体系、企业生产条件系统、企业销售系统等发生密切关系，因此产品设计师不应该只关注自己所处的设计系统，而应该了解与此相关的其他信息、技术、条件，以便能真正地实现设计目的。

家具设计的内容并不局限于我们通常认为的造型设计、结构设计，而应该对产品的整个生命周期进行设计，包括对顾客使用家具的引导设计（引导消费者选用何种家具和如何使用家具），对产品功能的设计（预先确定家具产品的功能），对原材料选择的设计，产品在生产过程中对生产技术条件的具体要求（如现行生产工艺是否适合此产品），对产品包装、运输形式的设计，产品展示设计，产品营销方式的设计，使用过程的设计和使用说明书的编写，产品报废处理形式的设计，等等。我们将这种形式和内容的产品设计称为"整体产品设计"。

前面所论述的都是家具设计师在进行设计活动时所应遵照的基本原则，遵循一定的原则进行的设计就是"理性设计"。与此相对应的便是"感性设计"。"感性设计"只片面地强调设计者的感觉和个性，这作为艺术创作的形式之一当然无可非议，但作为产品设计则要尽量避免。

人类的任何行为都没有亘古不变的行为准则，家具设计也是如此。随着人们对社会的认识、对生活的认识、对设计的认识、对家具的认识的不同和改变，家具设计原则必将发生着"与时俱进"的变化。

1.3.3 家具设计的一般程序

和设计原则不是一成不变的一样,任何设计行为模式也都不是固定不变的。

根据人们长期的家具设计实践和家具设计师的经验总结,我们归纳出了家具设计的一般程序(如图1-66所示)。

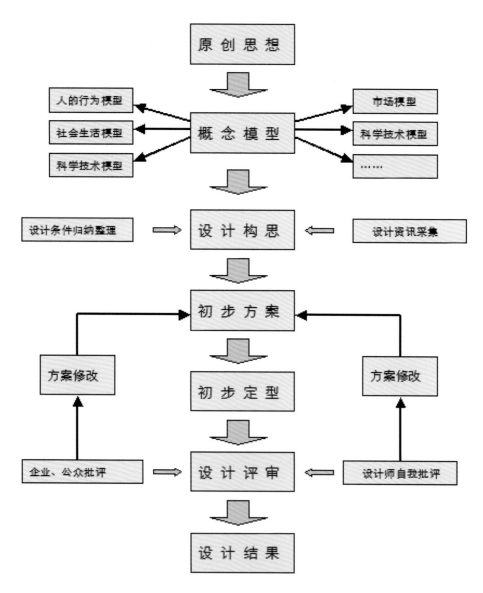

图1-66 家具设计的一般程序

2

家具功能尺寸设计

不同功能形态的家具类型
家具的功能尺度
家具的功能界面
功能系列家具

Furniture Design

现代家具设计的过程也就是运用科学技术的成果和美的造型法则，创造出人们在生活、工作和社会活动中所处环境内需要的一种特殊产品的过程。家具既与室内空间及其他物品构成了人类生存的室内环境；又与建筑物、庭院、园林等构成了人类生存的室外环境；最终，人与人、物与物、人与环境、物与环境构成了社会环境的总体。由此可见，家具的本质就是服务于人类的基本器具，以满足既具有生物特性，又属于社会范畴的人的生理和心理需求。作为生物的人，就要求家具在使用功能上适合人的生理和不断发展的工作方式以及生活方式的需要。作为社会的人，对家具和由家具构成的环境要求则需具备审美功能。此外，家具还是一种工业产品和商品，在满足使用者使用功能和审美功能的同时，还必须具备工业化产品——商品的生产规律和市场规律。

2.1 不同功能形态的家具类型

产品的功能不再仅仅是指产品的使用功能，它还包括了审美功能、文化功能等内容。家具的功能是家具构成的中心环节，也是家具在设计过程中所必须考虑的首要因素。毋庸讳言，"功能决定形式"的口号在当今社会已受到了严峻的挑战。但由于产品设计关于功能的实质内涵的延伸和发展，人们在评价当代产品的价值时仍是以功能内涵是否获得最大程度的发挥为标准。家具设计也是如此。人们在欣赏或购买一件家具时，造型特征、视觉感受、文化氛围无疑是主要因素，但人们绝不会对它的功能是否合理而熟视无睹。一些让人"站无站相、坐无坐姿"，甚至是"寝食不安"的家具，人们一定会再三斟酌和反复犹豫。由此可见，产品功能是构成产品形态的重要因素，离开产品的功能去谈产品的美感是毫无意义的。

家具作为一种产品，必定具备两个基本特征：一是标志产品属性的功能，二是作为产品存在的形态。

有关功能和形态孰轻孰重，在不同历史时期和不同的设计思想条件下有各种不同的观点。在我国，早在北宋时期就有了相应的表述。范仲淹赞美水车说："器以象制，水以轮济。"即说这个器（提水功能）是依附一个象（水车的形式）来实现的，器与象在"制"的过程中完美结合，这只是早期较为朴素的观点。现代斯堪的纳维亚的柔性设计则更好地诠释了功能与形态的关系，它坚持功能主义的合理内核：理性、有效、实用，同时也强调图案的装饰性及传统与自然形态的重要性。从 19 世纪的现代主义开始，直至当今开始风行的新现代主义，尽管其中演绎了各种不同的设计风格，但都以功能主义思想作为主线而延承下来。后现代主义在某种程度上偏离了以功能为主的思想，这也是它之所以未成为一种流行风格的主要原因。

研究家具产品的功能形态，其落脚点在于三个方面：一是家具的功能形态；二是家具的功能尺度；三是家具的功能界面。

家具的功能形态应该适应于家具相关的"人"，以及满足人的各种心理、生理和行为的要求。而且，家具的功能形态还应该适应于家具相关的"物"，让家具发挥它应尽的作用。

根据家具与人与物的关系及其密切程度（关联度），我们将家具分为三类：人体类（坐卧类）家具、准人体类（桌台类）家具和非人体类（贮存类）家具。人体类家具是指在使用过程中与人体密切相关、直接影响人的健康与舒适性的家具类型，如座椅、床等；准人体类家具是指在使用过程中使用频

图 2-1 人体类家具、准人体类家具、非人体类家具

率较高但与人体接触时间较短的一类家具，如餐桌、写字台、茶几等；非人体家具则是指与人体关系不大且使用频率较低的一类家具，如柜类家具、储存季节性用品的储存柜等（见图 2-1）。每类家具与人体的关系程度不一，因而在设计时应区别对待。

2.1.1 坐卧类家具

坐卧类家具是以"人"为主体的家具功能形态。

在谈到"家具如何适应人"的问题时，"以人为本"是最直截了当的答案。但"以人为本"的含义远不止如此。自现代设计诞生以来，"以人为本"一直是各种设计的基本指导思想之一。它强调以人为中心，从人的需要出发，充分考虑人的生理和心理，设计出为人所用的产品。从"以人为本"的基本理念出发，根据人的需要不断变化和进化，同时也演绎出了各种不同的设计思想；根据人的需要的差异和通过不同的途径来满足人的需要，产生了各种不同的设计过程和设计方法。因此，可以说，"以人为本"的设计思想是永远也不会过时的。

在中国，"以人为本"是被普遍提及但又被"滥用"的词汇之一。出现这种状况的主要原因有两点：一是未真正理解人的需要，即人类的需要、大多数人的需要还是人的个性化需要的问题；二是不能充分考虑人的需求的多样性，即将人的所有需求加以协调的问题。因而几乎所有的设计都可以冠以"以人为本"设计的"美誉"。我们认为：不同的设计对象和不同的设计任务所考虑到的人的需求范围不同。对于一般设计而言，人的个性化需求应建立在社会化需求的基础之上。当人的个性化需求与社会化需求发生冲突的时候，社会化的需求是决定设计的根本因素。个性化的设计应体现在与其他设计相比基础上的与众不同的个性，而不是单纯地和片面地针对个别使用者的个性。

家具设计中"以人为本"的设计主要反映在功能设计、使用过程中的便利和对家具审美体验这几个方面。如何适应于家具相关的"人"，则主要反映在如何适应人的姿态、人体尺寸、人的行为和人的感觉等具体问题上。

① 适应人体姿势的家具形态。

人体工程学研究表明：人处于不同的姿态时身体的舒适感是各不相同的。不同的家具形态会使人在使用家具时处于不同的姿态，因此如何使家具的形态适合人体最舒适姿态是家具形态设计的关键，也是家具产品达到最完美功能的必要条件。在欧美国家，对家具的评判标准一直把舒适性和健康放在造型美观和视觉审美之前。

使用家具时，坐姿是最主要的姿态。按坐姿的不同，把座椅分为工作用椅和休闲用椅两种。有些设计更是试图在一个座椅产品上同时实现工作和休闲两种姿态。

坐具设计中考虑人体姿态通常的做法是采用实验性坐具器械与人体模特相结合，按照人的真实感受来进行修改设计。芬兰设计大师库卡波罗、日本著名设计师奥村昭雄等都是采用这种方法（见图2-2）。

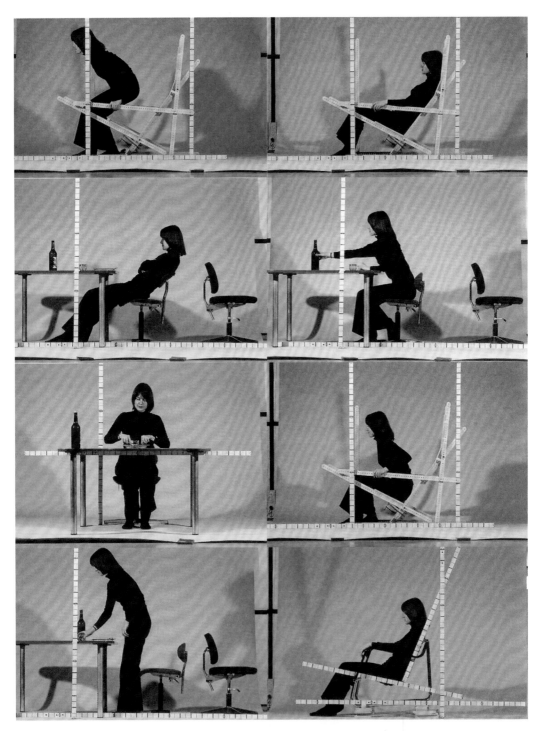

图 2-2 坐具实验设备

人呈坐姿工作时也会处于不同的状态，电脑操作和伏案写作时各有不同，正襟危坐与随意交谈时也各有区别。

普通人的睡姿是卧姿，因此床面一般设计为平面状，具体的平面形态可以是常见的长方形，也可以是圆形或者其他不规则的形状；考虑到一些特殊的人群和行动不方便的病人、老年人，可以将床面分解成一部分可倾斜活动，以适应人的半躺半坐的姿态（见图2-3）。

②适应人体尺寸的家具尺度。

姿态与尺度是人与物关系的最直接反映，仅研究人体的姿态是远远不够的。姿态是一种共性反映，而人体尺度则涉及具体的人。这是人体工程学研究的难点。

对人体尺度的研究与分析人的动作姿态一样，不可能只对单个具体的人进行研究，还要深入探讨出适合普通人群所适应的大致范围。目前国际上较为认可的研究方法是确定占实验人群总数95%的范围为"适合范围"，即让95%的人感到适合的尺度范围为产品设计尺度的合适尺度范围。

图2-3 适应半躺半坐姿态的座椅设计

Q&A：

图2-4 正常尺度的家具

　　各种家具尺度的组合形成家具的尺度体系，有正常尺度、亲切尺度和宏伟尺度之分。正常尺度是指按照人体的正常尺度而设计的家具尺度（见图2-4）；亲切尺度是指受室内尺度等环境因素和人的情感因素影响，有意将家具的通常尺度缩小以增加家具的亲切感（见图2-5）；宏伟尺度是指在考虑正常使用尺度的前提下，出于对社会地位、财富、自尊、自我价值等因素的考虑，有意将家具的尺度超出正常尺度而与众不同（见图2-6），皇帝的"宝座"、社会上俗称的"老板桌"等均属于此类。

图2-5 亲切尺度的家具

　　各种类型的家具都会涉及尺度问题，最基本的原则是让家具尺度适合人的尺度。坐具有座高、坐深之尺度，为让其适合大多数人，往往以标准形式加以规定。床具有床宽、床长、床高之尺度，床高以适合坐的动作为主，床长则应保证不能"悬臂"而卧，床宽则保证不因正常的翻身而落于床下。

　　考虑到人体的尺度因人而异，家具设计中常采用"可调节"尺度的方法来解决。特别需要指出的是：中国设计界对人体工程学的研究还未引起人们足够的重视。例如：当今家具设计所引用的有关

图2-6 宏伟尺度的家具

图 2-7 日本的"塌塌米"

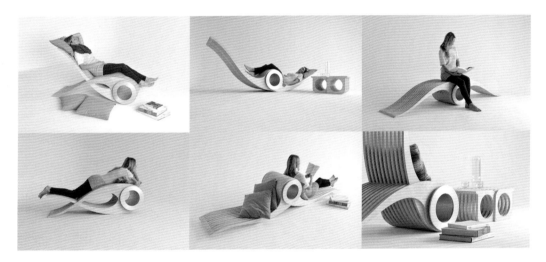

图 2-8 各种姿势的坐具设计

人体尺寸的数据还是 20 年以前其他领域的研究成果。众所周知，中国人的身体特征已发生了很大变化，尤其是近些年来人们生活水平得到较大改善以后。尽管设计师在实际应用时已针对出现的这些变化作了适当的修改和调整，但适时的具有权威性的数据和标准无疑是必需的。

③ 适应人的行为习惯的家具形态"构图"

家具形态除了与人体姿态和人体尺寸有直接关联外，与人的行为习惯也有密切的关系。人类在生活习性上有许多方面是共同的，如床是用来躺着睡眠的，椅子是用来屈膝而坐的，这些都决定了家具的基本形态。

在人类生活习惯有共性的基础上，具体的生活行为方式却丰富多彩。以坐具为例，"正襟危坐"是大多数中国人习惯的生活方式，中国式的椅子在基本形态上一直沿用了传统坐具的形态；日本人惯常使用的"塌塌米"同样是用来坐的，它的形态与中国式的椅子有根本的区别（见图 2-7）；软体沙发也是一种坐具，由于制作材料与"椅""凳"的不同，沙发的造型与传统的椅凳有较大的区别；西方人浪漫的生活方式带来了西方坐具设计的千姿百态（见图 2-8）。

④ 适应人的审美感知的家具形态要素。

家具形态要素中如空间、构图、形体、尺度等基本上是由人的姿态和尺度来决定的，这些可以认为是家具形态设计中的"硬"要素，而其他如造型、色彩、质感等影响人的情绪和感觉的因素，则可以认为是家具形态设计中的"软"要素。各种"硬"的和"软"的要素同时影响家具给人的感觉并影响人的情绪。

情绪和感觉无疑也是一种功能，是一种精神功能。设计活动应考虑适应人的感觉的问题，实质上是研究在审美体验上如何对使用者的情感加以呵护。

2.1.2 桌台类家具

桌台类家具是适应人立姿状态的功能形态。人处于立姿工作状态的情形十分复杂，如总统发表演讲的演讲台、车间里工人的操作台、学校教师的讲台等，这些桌台类家具的设计必然会大相径庭。演讲台以庄重和威严为重，操作台以减轻劳动强度为妙，讲台以轻松而"不失体统"为佳（见图2-9）。

台、桌类家具的尺度视其功能而定，能适合使用者在使用时容纳必需品的基本要求。超出人体正常使用尺度范围的台、桌尺寸，除了具有宏伟尺度所带来的情感因素外，再无其他意义。

人的活动尺度范围还可以决定家具的基本形状。近年来办公家具市场中经常出现的模块化办公家具，就是考虑到人不同活动的尺度范围而设计的（见图2-10）。

图2-9 演讲台、操作台、讲台

图 2-10 与人的活动范围相适应的办公家具

台、桌类家具的尺度既要考虑适合使用者，也要满足基本的容纳空间尺度和支承物品尺寸要求的台面尺度。一般的写字桌只要 1000 mm×600 mm（长×宽）就可以满足日常书写需要。如果放上计算机则会不够用，需要根据计算机的尺度加长、加宽或改为转角形状，才能满足尺度要求。

电脑桌、椅的功能性一直倍受关注，因为它对人的身体健康有很大影响，除了从人体工程学的角度出发考虑尺度，还可以从电脑设备本身的功能性出发考虑形态。充分利用纵向空间，用错落的架体，由上而下依次排列音箱、显示器、键盘和鼠标、主机和贮物盒，以使它成为一个流程，获得最好的听觉、视觉和触觉的感受（见图 2-11）。

另外，家具要适应物的变化而进行形态变化。物在使用的过程中不是一成不变的，它有数量的增减和位置的移动变化，相应地会产生各种组合家具，如折叠家具和多功能家具等。可以根据不同的使用要求和特定环境进行多种方式的组合及变化，从而扩大使用功能，同时在造型上显示出多变性，形成丰富多样的形态变化。

将几个比例不等的边桌重叠起来，套装使用，能节省很多空间。在需要的时候可根据具体物品的摆放、存储等功能需求进行组合，形成一个方便的工作空间。也可拆卸，平面化储存运输（见图 2-12）。

折叠椅和折叠桌也是用来做物的加减法，加以细节和颜色变化，能产生不同的形态（见图 2-13）。

图 2-11 与电脑功能适合的电脑桌

图 2-12 功能可变换的家具小件

图 2-13 功能灵活、造型优美的折叠家具

图 2-14 多功能组合柜

2.1.3 贮存类家具

贮存类家具是以"物"为主体的家具功能形态。

所谓与家具相关的物，就是人们周围林林总总的生活用品与设施，有衣物、食物、杂物、电器、装饰品和书籍等等。由于它们都具有各自不同的形态特征，因此容纳和支承这些物品的家具也必然显示出变化的形态。家具功能形态要适应物的特性、物的尺度、物的功能和使用过程中物的变化。对功能形态设计而言，还要以舒适和方便为基本出发点；灵活多变和节省空间为基本手法；节省材料能源与使用耐久为基本原则；不断拓展新功能为基本目标。

贮存类家具的形态受物的影响最为直接，因为它要容纳物，其内部空间就必须与物的形状相吻合或相容，如许多 CD 架就设计得相当到位。贮存家具多以标准的立方体为基本形态，由人在这个既定空间中组织物的排列，总是会有浪费的空间和材料，但是物的形状是千变万化的，怎么通过设计来赋予它一定的存放规律，这就需要人们深入思考。

贮存类家具的表面分割和通透情况反映出物品的不同特性，常用物品通常要摆放在人体最适宜的活动范围内，存取方便；不常用的季节性物品就可以摆放在上、下端的次要区域。要阻光、防尘、防潮、私密性强和贵重的物品，一般通过抽屉或门进行封闭，完全隐置，如一般的衣柜；易清理、可公开、经常使用及数量较少的展示品则放入开放式空间，如一般的博古架、展示架和壁架；想表现其通透感，但又需要保护不会落尘、受潮的物品放入半开放式空间，或加玻璃，如一般的书柜。

组合柜常常是集电视柜或写字台、书柜、饰品柜等各种功能于一体，融合以上各种不同的功能，形成丰富的造型变化（见图 2-14）。

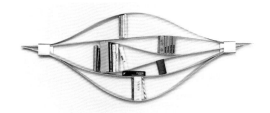

图 2-15 与书的轮廓相像的书架设计

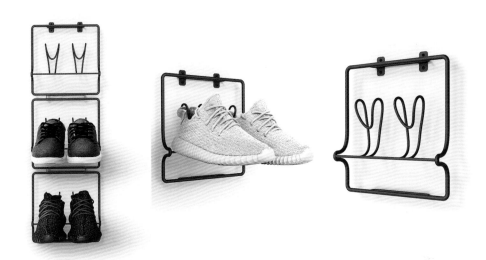

图 2-16 与鞋的形状相适应的鞋柜设计

① 适应物的特性的家具形态。

物的特性包括它的形状、大小、色彩、肌理、用途等，在这里主要论述形状和用途对家具形态的影响。有一些家具的形态直接以物本身的形状为特征，如某公司设计的柔性书架，放置一些书后，书架形状也会发生变化，在满足实际功能的同时，还产生了很强的趣味性（见图 2-15）。有一种鞋柜的设计突破了传统的直架或斜插形式，直接采用与鞋相吻合的"伴侣"，即鞋面前撑和鞋后帮撑。可根据鞋的大小设定鞋撑，既很好地保持鞋的造型，又非常节省空间（见图 2-16）。

② 适应物的尺度的家具尺度。

在进行形态设计时，人体工程学将被反复强调，任何一件家具都要先符合人的生活习惯，但同时也需要考虑物的尺度，如果把两者精准结合，所设计的家具将既有美观和谐的外形，又有优良的实用性。

Q&A:

图 2-17 适合各种衣物的衣帽间

图 2-18 适合各种规格幅面的书柜

坐具和床具的尺度直接通过人体尺寸获得，似乎与物的尺度关系不大，但其作为一种特殊用途的产品时，如医院的病床、学校用带文件篮和写字板的椅子，在设计时就应另当别论。即使这些与物的关系不是十分密切的家具，也要考虑它们与其他家具同处在一个空间中，家具要与家具之间要进行协调，如沙发要与茶几和电视的高度协调，座椅要与对应的桌面高度协调，床要与床头柜的高度协调，否则会严重影响其功能的发挥。

就家具尺度与物品尺度的相关性而言，衣柜和书柜恐怕是最典型的两种家具。衣柜不但要满足基本的贮存要求，还要使用、存取方便，满足四季交替衣被的转换要求。根据统计的物件尺寸，原尺寸及叠放后的尺寸，在衣柜内部划分为棉被区、挂长衣区、挂短衣区、挂裤区、封闭或开敞的储衣格以及抽屉等以供领带和袜子存放的区域（见图 2-17）。这样丰富的形态，必须要掌握了各种物的尺度范围，才能够设计出实用同时还好用的衣柜。而书柜则是设计师最乐意做的设计之一，按书的规定规格，4 开、8 开、16 开、32 开等来确定基本容纳空间的尺寸，同时考虑横放、竖放、叠摞及供非标准规格的书的尺寸；但若一味按规定规格设计，可能会显得呆板，因此设计师会运用平面分割设计的各种手法和技巧，创造出丰富的形态（见图 2-18）。

③ 适应物的功能的家具形态。

家具有收纳、支承、陈列等各种功能，与家具相关的物本身也有自己特别的使用功能。因此，家具形态设计还应该考虑怎样促进适应物发挥其最优功能。

厨房内的器具和设备有很强的功能性，可以分为三个中心即储藏调配中心、清洗和准备中心、烹调加工中心。储藏调配中心的主要设备是电冰箱和烹调烘烤所用器具及佐料的储藏柜；清洗和准备中心的主要设备是水槽和多种搭配形式的橱台、料理桌，水槽与洗盆柜相配合，上设不锈钢洗盆，橱

Q&A:

图 2-19 与其他设施配套的橱柜的设计

台下可设垃圾桶与储物柜；烹调中心的主要设备是炉灶和烘烤设备，它们放置在灶台上，上有抽油烟机；还应设有工作台面和储藏空间，便于存放小型器具。最为重要的是，它们的布置要按操作顺序进行，形成流线作业，方便人使用，减少劳动量。厨具的形态设计必须要满足以上功能要求，并且进一步设计完善物与物之间的形体搭配关系（见图2-19）。

有一些家具的细部形态特征也表现了功能性，如活动小柜顶面做成托盘状用来置物，防止移动过程中物件滑落。整体橱柜有时会刻意做出突出的边角作为独立的特殊功能区域，既防止了水溅落到地上，又丰富了整体造型（见图2-20）。

④ 适应物的变化的家具形态变化。

组合家具包括单体组合家具，即由一系列相同或不同体量的单体家具在空间中相互组合的一种形式，如套装家具；部件组合家具，即将各种规格的通用系列化部件通过一定的结构形式，利用五金件，构成各种组合家具的一种形式；拆装式自装配家具，即在所提供的组合单元里，选择自己需要的

图 2-20 与功能相适应的细部处理

单体，DIY自己喜欢的方案。

随着经济的不断发展和进步，人们的消费由"大众化"转向个性化，对"单一功能"用品不再感兴趣，而要求系统的、多功能的家具，如把音响与软体家具相结合、组合沙发、一物多用等，都相应地发展了家具的形态变化，出现以前未曾出现过的新形态。

综上所述，功能对形态的变化起着很重要的作用，而与物有关的功能形态变化也占据一定的地位，与"人"的因素一起，制约形态，发展形态。格罗皮乌斯认为，"新的外形不是任意发明的，而是从时代生活表现中产生的"，形态设计也必然要立足于生活，扎根功能的土壤，不断生长，枝繁叶茂。

考虑家具形态对人的情感影响，就如同研究艺术作品的意义一样。这里涉及一个有关如何认识家具的观念问题：家具既是一种典型的工业产品，又是一种艺术作品。家具形态设计就如同建筑、雕塑创作一样，是一种艺术设计形式。家具作为一种特殊的艺术载体，是由造型、色彩、质感等感性因素来决定的，这些也成为了家具形态设计的主要内容，其创作手法与其他艺术设计形式并无不同。

综上所述，家具的功能形态设计是家具设计的主要内容，完全是"以人为本"设计思想的演绎。"以人为本"不应是一句空话或者口号，它应是对人的生理和心理的全面体贴、关怀和呵护。

Q&A：

2.2 家具的功能尺度

家具功能尺寸设计就是为了实现家具功能而对其外形或零部件尺寸进行的设计。功能尺寸由使用者即人体尺寸，或收纳对象即物品尺寸，或所处的环境即室内空间尺寸，或审美法则即美观性，或力学强度即使用安全性等方面的要素构成。

为了满足人们的各种日常生活的需要，家具可以分为坐卧类家具、桌台类家具、贮存类家具三大类型。不同类型的家具具有不同的家具功能，而实现家具功能，首要考虑的因素就是它的功能尺度。因此，根据不同类型的家具功能的要求，家具的功能尺度也可以分为以下三类：坐卧类家具功能尺度、桌台类家具功能尺度、贮存类家具功能尺度。

2.2.1 坐卧类家具功能尺度

（1）坐类家具功能尺度

坐类家具是人使用频率最高、最广泛的家具类型之一。功能特征良好的坐类家具能够让人在使用中感到身体舒适，得到全面的放松和休息。而设计不合理的坐类家具反而会让人很快产生疲劳感。所以坐类家具的设计不仅要考虑形式、耐用、经济等方面的因素，同时还要考虑到人体的生理结构方面的因素，这些都可以通过尺寸设计来达到。

坐类家具的主要品种有凳、靠背椅、扶手椅、圈椅等。它的主要用途是既可用于工作，又利于休息。根据工作、休息不同生活行为的需要，坐类家具又可以分为工作用坐具与休息用坐具。因此，坐类家具功能尺度应该从工作用坐具与休息用坐具两方面进行考虑。

① 工作用坐具的功能尺度。

a. 坐高。凳（没有靠背的坐具）的坐高是指坐面与地面的垂直距离；椅坐面常向后倾斜或做成凹形曲面，通常以坐面前缘至地面的垂直距离作为椅坐高。

坐高是影响坐姿舒适程度的重要因素之一，坐面高度不合理会导致不正确的坐姿，并且坐的时间稍久，就会使人体腰部产生疲劳感。通过对人体坐在不同高度的凳子上其腰椎活动度的测定，凳高为 400 mm 时，腰椎的活动度最高，即疲劳感最强。稍高或稍低于此数值，人体腰椎的活动度下降，舒适度也随之增大，这意味着凳高比 400 mm 稍高或稍低都不会使腰部感到疲劳。在实际生活中人们喜欢坐矮板凳从事活动的道理就在于此，而人们在酒吧坐高凳活动的道理也是如此。

对于有靠背的座椅，其坐高既不宜过高，也不宜过低，它与人体在坐面上的体压分布有关。座椅面是人体坐时承受臀部和大腿的主要承受面，通过测试，臀部的各部分分别承受着不同的压力，若椅的坐面过高，则两足不能落地，大腿前半部近膝窝处软组织受压，时间久了，血液循环不畅，肌腱就会发胀而麻木；若椅的坐面过低，则大腿碰不到椅面，体压分布就过于集中，人体形成前屈姿态，从而增大了背部肌肉负荷，同时人体的重心也低，所形成的力矩也大，这样使人起立时感到困难。因此，设计时应寻求合理的坐高与体压分布，根据座椅的体压分布情况来分析，适宜的坐高应当等于小腿窝高加 25 ~ 35 mm 鞋跟高后，再减 10 ~ 20 mm 为宜。

b. 坐深。主要是指坐面的前沿至后沿的距离。坐深对人体舒适度影响也很大，如坐面过深，则会使腰部的支撑点悬空，靠背将失去作用，膝窝处还会受到压迫而产生疲劳。同时，坐面过深，还会使膝窝处产生麻木的反应，并且人也难以起立。因此，坐面深度要适度，通常坐深小于人坐姿时大腿水平长度，并且坐面前沿离开小腿有一定的距离，以保证小腿的活动自由。一般选用 380 ~ 420 mm 的坐深是最适宜的。

图 2-21 工作用坐具的功能尺度

c. 坐宽。根据人的坐姿及动作,椅子的坐面往往呈前宽后窄。前沿宽度称为坐前宽,后沿宽度称为坐后宽。

椅坐的宽度应当能使臀部得到全部的支承,并且有适当的活动余地,便于人能随时调整其坐姿。肩并肩坐的联排椅,宽度应能保证人的自由活动,因此椅坐的宽度应比人的肘宽稍大一些。一般靠背椅坐宽不小于 380 mm 就可以满足使用功能的需要;对扶手椅来说,以扶手内宽作为坐宽尺寸,按人体平均肩宽尺寸加上适当余量,一般不小于460 mm(见图 2-21)。

② 休息用坐具的功能尺度。

休息用坐具的主要品种有躺椅、沙发、摇椅等。它的主要用途就是要充分地让人得到休息,也就是说它的使用功能是把人体疲劳状态减至最低程度,使人获得满意的舒适效果。因此,对于休息用椅的尺度、角度、靠背支撑点等的设计要精心考虑(见图 2-22)。

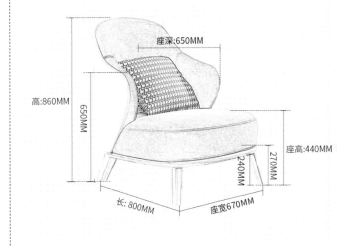

图 2-22 休息用坐具的功能尺度

a. 坐高与坐宽。通常认为椅坐前缘的高度应略小于膝窝到脚跟的垂直距离。据测量，我国人体这个距离的平均值，男性为 410 mm，女性为 360 ~ 380 mm。因此，休息用椅的坐高宜取 330 ~ 380 mm 较为合适（不包括材料的弹性余量）。若采用较厚的软质材料，应以弹性下沉的极限作为尺度准则。坐面宽也以女性为主，一般在 430 ~ 450 mm。

b. 坐倾角与椅夹角。坐面的后倾角以及坐面与靠背之间的夹角（椅夹角或靠背夹角）是设计休息用椅的关键。由于坐面向后倾斜一定的角度，促使身体向后倾，有利于人体重量分移至靠背的下半部与臀部坐骨结节点，从而把体重全部抵住。而且，随着人体不同休息姿势的改变，坐面后倾角及其与靠背的夹角还会有一定的关联性：靠背夹角越大，坐面后倾角也就越大。一般情况下，在一定范围内，倾角越大，休息性越强。但不是没有限度的，尤其是对于老年人使用的椅子，倾角不能太大，因为会使老年人在起坐时感到吃力。

通常认为沙发类坐具的坐倾角以 4° ~ 7° 为宜，靠背夹角（斜度）以 106° ~ 112° 为宜；躺椅的坐倾角可为 6° ~ 15°，靠背夹角可达 112° ~ 120°。

c. 坐深。休息用椅由于多采用软垫，坐面和靠背均有一定程度的沉陷，故坐深可适当放大。轻便沙发的坐深可为 480 ~ 500 mm；中型沙发为 500 ~ 530 mm 就比较合适；至于大型沙发可根据室内环境作适当放大。如果坐面过深，人坐在上面，腰部接触不到靠背，导致支撑的部位不是腰椎，而是肩胛骨，上身被迫向前弯曲，造成腹部受挤压，会使人感到不适和疲劳。

d. 椅曲线。休息用椅的椅曲线是椅坐面、靠背面与人体坐姿相对应的支撑曲面。按照人体坐姿舒适的曲线来合理确定和设计休息用椅及其椅曲线，既要使腰部得到充分的支撑，又要减轻肩胛骨的受压。托腰（腰靠）部的接触面宜宽不宜窄，托腰的高度以 185 ~ 250 mm 较合适。靠背位于腰靠（及肩靠）的水平横断面宜略带微曲形以适应腰围（及肩部），一般肩靠处曲率半径为 400 ~ 500 mm，腰靠处曲率半径为 300 mm。但过于弯曲会使人感到不舒适，易产生疲劳感。靠背宽一般为 350 ~ 480 mm。

（2）卧类家具功能尺度

卧类家具主要是床和床垫类家具的总称。卧类家具是供人睡眠休息的，人躺在床上能舒适地尽快入睡，以消除每天的疲劳，便于恢复工作精力和体力。所以床及床垫的使用功能必须注重考虑床与人体的关系，着眼于床的尺度与床面（床垫）弹性结构的综合设计（见图 2-23）。

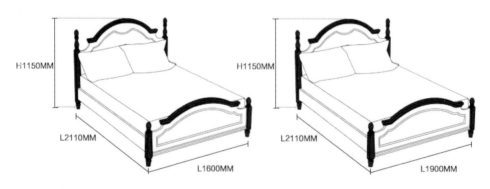

此尺寸标示为1.5X2.0m床：　　此尺寸标示为1.8X2.0m床：

H1150MM　　　　H1150MM

L2110MM　　　L2110MM

L1600MM　　　L1900MM

图 2-23 卧类家具的功能尺度

① 床宽。

床的宽窄直接影响人睡眠时的翻身活动。日本学者做的试验表明，睡窄床比睡宽床的翻身次数少。这是由于担心翻身掉下来的心理影响，自然也就不能熟睡。

床宽尺寸，多以仰卧姿势为基准。单人床床宽，通常为仰卧时人肩宽的 2 ~ 2.5 倍，即单人床宽 =(2 ~ 2.5)W；双人床床宽，一般为仰卧时人肩宽的 3 ~ 4 倍，即双人床宽 =(3 ~ 4)W。成年男子的平均 W=410 mm(因女子肩宽尺寸 W 小于男子，故一般以男子为准)。通常单人床宽度不宜小于 800 mm。

② 床长。

床的长度是指两头床屏板或床架内的距离。为了能适应大部分人的身长需要，床的长度应以较高的人体作为标准进行设计。在长度上，考虑到人在躺下时的肢体的伸展，所以实际比站立的尺寸要长一点，再加上头顶和脚下要留出部分空间，所以床的长度比人体的最大高度要多一些。国家标准规定，成人用床的床面净长一般为 1920 mm。床的长度尺寸也可用下面方法求出 (包括放置枕头和被子槽头等必要的活动空隙)：床长 (L)=1.05 倍的身高 (h)+ 头顶余量 (α) 约 100 mm+ 脚下余量 (β) 约 50 mm。

③ 床高。

床高即床面距地高度。床的高度应该与座椅的坐高保持一致，使床同时具有坐卧功能，另外还需要考虑到人的穿衣、穿鞋等一系列与床发生关系的动作，所以床高尺寸可以参照椅子坐高的尺度来确定。一般床高在 400 ~ 500 mm。对于双层床的间高，要考虑两层净高必须满足下铺使用者就寝和起床时有足够的动作空间，以及坐在床上能完成有关睡眠前或床上动作的距离，但又不能过高，过高会造成上下的不便及上层空间的不足。按国家标准规定，双层床的底床铺面离地面高度不大于 420 mm，层间净高不小于 950 mm。

2.2.2 桌台类家具功能尺度

桌台类家具是人们工作和生活所必需的辅助性家具。对于从事桌面作业的人来说，桌类家具功能尺寸设计是否合理，直接关系到使用者的舒适、健康及工作效率。不良的桌类家具功能尺寸设计会影响使用者的脊椎形态和增大椎间盘压力，导致常见的腰痛病，还会造成人体颈肩腕综合征，引起视觉疲劳，导致近视，等等。因此，设计出舒适健康的桌类家具，对于人们的日常生活和工作是十分重要的。

为适应各种不同的用途，有餐桌、写字桌、课桌、制图桌、梳妆台、茶几和炕桌等；另外还有为站立活动而设置的售货柜台、账台、讲台、陈列台和各种工作台、操作台等。

桌台类家具的基本功能是适应人在坐、立状态下，进行各种操作活动时，取得相应舒适而方便的辅助条件，并兼有放置或贮存物品之用。因此，它与人体动作产生直接的尺度关系。一类是以人坐下时的坐骨支承点 (通常称椅坐高) 作为尺度基准，如写字桌、阅览桌、餐桌等，统称坐式用桌。另一类是以人站立的脚后跟 (即地面) 作为尺度基准，如讲台、营业台、售货柜台等，统称站立式用桌。

（1）坐式用桌的功能尺度

① 桌面高度。

桌子的高度与人体动作时肌体的形状及疲劳有密切的关系。经实验测试，过高的桌子容易造成人体脊椎侧弯和眼睛近视等弊病，从而使工作效率减退；另外，桌子过高还会引起耸肩和肘低于桌面等不正确姿势，从而引起肌肉紧张、疲劳。桌子过低也会使人体脊椎弯曲扩大，易使人驼背、腹部受压，妨碍呼吸运动和血液循环等，背肌的紧张也易引起疲劳。

因此，舒适和正确的桌高应该与椅坐高保持一定的尺度配合关系，而这种高差始终是按人体坐高的比例来核计的。所以，设计桌高的合理方法是

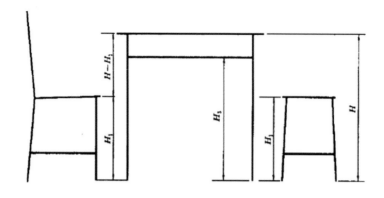

桌面高 H	座高 H_1	桌面与椅凳座面高差 $H-H_1$	尺寸级差 ΔS	中间净空高 H_3
680～760	400～440 软面的最大座高 460(包括下沉量)	250～320	10	≥580

图 2-24 桌类家具的功能尺度

先有椅坐高，然后再加上桌面和椅面的高差尺寸，便可确定桌高。即：桌高 = 坐高 + 桌椅高差（约 1/3 坐高）。

桌椅高差的常数可以根据人体不同使用情况有适当的变化。如在桌面上书写时，桌椅高差 =1/3 坐高减 20 ~ 30 mm；学校中课桌椅高差 =1/3 坐高减 10 mm。桌椅高差是通过人体测量来确定的，由于人种高度的不同，数值也不同。1979 年国际标准 (ISO) 规定的桌椅高差是 300 mm，而我国标准规定为 250 ~ 320 mm。

② 桌面尺寸。

桌面的尺寸应以人坐时手可达到的水平工作范围为基本依据，并考虑桌面可能置放物的性质及其尺寸大小。如果是多功能的或工作时尚需配备其他物品，还应在桌面上加设附加装置。双人平行或双人对坐形式的桌子，桌面的尺度应考虑双人的动作幅度互不影响（一般可用屏风隔开），对坐时还要考虑适当加宽桌面，以符合对话时的卫生要求等。总之，要依据手的水平与竖向的活动幅度来考虑桌面的尺寸。

至于阅览桌、课桌等用途的桌面，最好应有约 15° 的斜坡，能使人获取舒适的视域。因为当视线向下倾斜 60° 时，视线与倾斜桌面接近 90°，文字在视网膜上的清晰度就高，既便于书写，又使背部保持着较为正常的姿势，减少了弯腰与低头的动作，从而减轻了背部的肌肉紧张和酸痛现象。但在倾斜的桌面上，往往不宜陈放东西，所以不常采用。对于餐桌、会议桌之类的家具，应以人体占用桌边缘的宽度去考虑桌面的尺寸，舒适的宽度是按 600 ~ 700 mm 来计算的，通常也可减缩到 550 ~ 580 mm 的范围。各类多人用桌的桌面尺寸也是按此标准核计的（见图 2-24）。

③ 桌下净空。

为保证下肢能在桌下放置与活动，桌面下的净空高度应高于双腿交叉时的膝高，并使膝部有一定的上下活动余地。所以抽屉底板不能太低，桌面至抽屉底的距离应不超过桌椅高差的 1/2，即 120 ~ 160 mm。因此，桌子抽屉的下缘离开椅坐面至少应有 178 mm 的净空。净空的宽度和深度应保证两腿的自由活动和伸展。

（2）站立式用桌的功能尺度

站立式用桌或工作台主要包括：售货柜台、营业柜台、讲台、服务台、陈列台、厨房低柜洗台以及其他各种工作台等。

① 台面高度。

站立用工作台的高度，是根据人站立时自然屈臂的肘高来确定的。按我国人体的平均身高，工作台高以 910 ~ 965 mm 为宜；为适应于用力的工作而言，台面可稍降低 20 ~ 50 mm。

② 台下净空。

站立用工作台的下部，不需要留有腿部活动的空间，通常是作为收藏物品的柜体来处理。但在底部需有置足的凹进空间，一般内凹高度为 80 mm、深度为 50 ~ 100 mm，以适应人紧靠工作台时着力动作之需，否则难以借助双臂之力进行操作。

③ 台面尺寸。

站立用工作台的台面尺寸主要由所需的表面尺寸和表面放置物品状况及室内空间和布置形式而定，没有统一的规定，视不同的使用功来做专门设计。

至于营业柜台的设计，通常是兼顾写字台和工作台两者的基本要求进行综合设计的。

2.2.3 贮存类家具功能尺度

贮存类家具又称贮藏类或贮存性家具，是收藏、整理日常生活中的器物、衣物、消费品、书籍等的家具，并具有一定的展示功能。根据存放物品的不同，可分为柜类和架类两种不同贮存方式。柜类主要有大衣柜、小衣柜、壁橱、被褥柜、床头柜、书柜、玻璃柜、酒柜、菜柜、橱柜、各种组合柜、物品柜、陈列柜、货柜、工具柜等；架类主要有书架、餐具食品架、陈列架、装饰架、衣帽架、屏风和屏架等。

贮存类家具的功能设计必须考虑人与物两方面的关系：一方面要求贮存空间划分合理，方便人们存、取，有利于减少人体疲劳；另一方面要求家具贮存方式合理，贮存数量充分，满足存放条件（见图 2-25）。

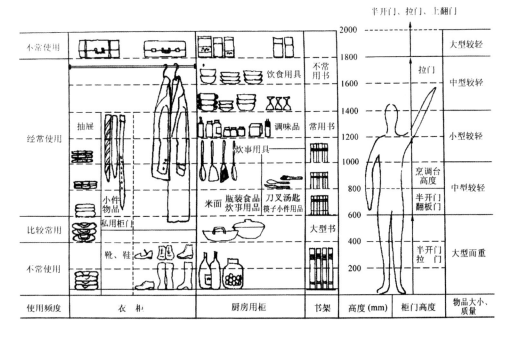

图 2-25 贮存类家具的功能尺度

（1）贮存类家具与人体的尺度关系

人们日常生活用品的存放和整理，应依据人体操作活动的可能范围，并结合物品使用的繁简程度去考虑它存放的位置。为了正确确定柜、架、搁板的高度及合理分配空间，首先必须了解人体所能及的动作范围。这样，家具与人体就产生了间接的尺度关系。这个尺度关系是以人站立时，手臂的上下动作为幅度的，按方便的程度来说，可分为最佳幅度和一般可达极限。通常认为在以肩为轴，上肢为半径的范围内存放物品最方便，使用次数也最多，又是人的视线最易看到的视域。因此，常用的物品应存放在这个取用方便的区域，而不常用的物品则可以放在手所能达到的位置。同时，还必须按物品的使用性质、存放习惯和收藏形式进行有序放置，力求有条不紊，分类存放，各得其所。

① 高度。

贮存类家具的高度，根据人存取方便的尺度来划分，可分为三个区域：第一区域为从地面至人站立时手臂下垂指尖的垂直距离，即 650 mm 以下的区域，该区域存贮不便，人必须蹲下操作，一般存放较重而不常用的物品（如箱子、鞋子等杂物）；第二区域为以人肩为轴，从垂手指尖至手臂向上伸展的距离（上肢半径活动的垂直范围），高度在 650 ～ 1850 mm，该区域是存取物品最方便、使用频率最多的区域，也是人的视线最易看到的视域，一般存放常用的物品（如应季衣物和日常生活用品等）；若需扩大贮存空间，充分利用空间，则可设置第三区域，即柜体 1850 mm 以上区域（超高空间），一般可叠放柜、架，存放较轻的过季性物品（如棉被、棉衣等）。

在上述第一、二贮存区域内，根据人体动作范围及贮存物品的种类，可以设置搁板、抽屉、挂衣棍等。在设置搁板时，搁板的深度和间距除考虑物

品存放方式及尺寸外，还需考虑人的视线，搁板间距越大，人的视域越好，但空间浪费较多，所以在设计时需要统筹安排。

② 宽度与深度。

橱、柜、架等贮存类家具的宽度和深度，是由存放物的种类、数量和存放方式以及室内空间的布局等因素来确定的，并在很大程度上取决于人造板材的合理裁割与产品设计系列化、模数化的程度。一般柜体宽度常用 800 mm 为基本单元，深度：衣柜为 550 ～ 600 mm，书柜为 400 ～ 450 mm。这些尺寸是综合考虑贮存物的尺寸与制作时板材的出材率等的结果。

贮藏类家具设计，除考虑上述因素外，还要从建筑的整体来看，还须考虑柜类体量对室内的影响以及与室内整体的协调感。从单体家具看，过大的柜体与人的情感较疏远，在视觉上似如一道墙，体验不到它给我们使用上带来的亲切感。

（2）贮存类家具与贮存物的尺度关系

贮存类家具除了考虑与人体尺度的关系外，还必须研究存放物品的类别、尺寸、数量与存放方式，这对确定贮存类家具的尺寸和形式起重要作用。

为了合理存放各种物品，必须找出各类存放物容积的最佳尺寸值。因此，在设计各种不同的存放用途的家具时，首先必须仔细地了解和掌握各类物品的基本规格尺寸，以便根据这些素材分析物与物之间的关系，合理确定适用的尺度范围，以提高收藏物品的空间利用率。既要根据物品的不同特点，考虑各方面的因素，区别对待；又要照顾家具制作时的可能条件，制定出尺寸方面的通用系列（图 2-25）。

一个家庭中的生活用品是极其丰富的，因此贮存类家具设计，应力求使贮存物或用品做到有条不紊、分门别类地存放和组合设置，使室内空间取得整洁的效果，从而达到优化室内环境的作用。

图 2-26 坐类家具的功能界面

2.3 家具的功能界面

家具的功能界面是指家具直接承担家具功能任务的界面，也是与人和物发生直接接触的界面。根据家具的功能类型，可以将家具的功能界面分为以下四类：坐类家具功能界面、卧类家具功能界面、桌台类家具功能界面、贮存类家功能界面。

2.3.1 坐类家具功能界面

坐类家具功能界面包括坐面、椅靠背、扶手。为了更加完善坐的功能要求，实现坐得舒适、坐得健康，就必须重点考虑它们的功能界面的设计（见图 2-26）。

①坐面曲度。

人坐在椅、凳上时，坐面的曲度或形状直接影响体压的分布，从而引起坐的感觉的变化。因此，设计时应注意尽量使腿部的受压降低到最低限度。

由于腿部软组织丰富，无合适的立承位置，不具备受压条件（有动脉通过），故椅坐面宜选半软稍硬的材料，坐面前后也可略显微曲形或平坦形，这有利于肌肉的松弛和起坐动作。

②坐面倾斜度。

一般坐椅的坐面是采用向后倾斜的，后倾角度以 3°～5°为宜。但对工作用椅来说，水平坐面要比后倾斜坐面好。因为当人处于工作状态时，若坐面是后倾的，人体背部也相应向后倾斜，势必产生人体重心随背部的后倾而向后移动。这样一来，就不符合人体在工作时重心应落于原点趋前的原理，因为人在工作时为提高效率，就会竭力保持重心向前的姿势，致使肌肉与韧带呈现极度紧张的状态。长时间维持此状态，人的腰、腹、腿等就会感到疲劳，引起酸痛。因此，一般工作用椅的坐面

图 2-27 坐面向前倾斜的坐具

以水平为好，甚至也可考虑椅面向前倾斜（见图 2-27）。而对于休息用座椅，在一定范围内，后倾角越大，休息性越强。但倾角不能太大，因为会使老年人在起坐时感到吃力。

③椅靠背。

人若笔直地坐着，躯干得不到支撑，背部肌肉也就显得紧张，渐呈疲劳现象，因此需要用靠背来弥补这一缺陷。椅靠背的作用就是使躯干得到充分的支承。通常，靠背略向后倾斜，能使人体腰椎获得舒适的支承面。同时，靠背的基部最好有一段空隙，利于人坐下时，臀肌不致受到挤压。在靠背高度上有肩靠、腰靠和颈靠三个关键支撑点。肩靠应低于肩胛骨（相当于第 9 胸椎，高 460 mm），以肩胛的内角碰不到椅背为宜。腰靠应低于腰椎上沿，支承点位置以位于上腰凹部（第 2～4 腰椎处，高为 180～250 mm）最为合适。颈靠应高于颈椎点，一般应不小于 660 mm。

④弹性。

休息用椅软垫的用材及其弹性的配合也是一个不可忽视的问题。弹性是指人对材料坐压的软硬程度或材料被人坐压时的回弹性。休息用椅用软垫材料可以增加舒适感，但软硬应适度。一般来说，小沙发的坐面下沉以 70 mm 左右合适，大沙发的坐面下沉 80～120 mm 合适。坐面过软，下沉度

太大，会使坐面与靠背之间的夹角变小，腹部受压迫，使人感到不适，起立也会感到困难。因此，休息用椅软垫的弹性要搭配好。为了获得合理的体压分布，有利于肌肉的松弛和便于起坐动作，应该是靠背比坐面软一些。就靠背而言，腰部宜硬点，而背部则要软一些。

⑤扶手。

休息用椅常设扶手，可减轻两肩、背部和上肢肌肉的疲劳，获得舒适的休息。但扶手高度必须合适，扶手过高或过低，肩部都不能自然下垂，容易产生疲劳感。根据人体自然屈臂的肘高与坐面的距离，扶手的实际高度应在 200～250 mm（设计时应减去坐面下沉度）为宜。两臂自然屈伸的扶手间距净宽应略大于肩宽，一般应不小于 460 mm，以 520～560 mm 为宜。过宽或过窄都会增加肌肉的活动度，产生肩酸疲劳的现象。扶手也可随坐面与靠背的夹角变化而略有倾斜，有助于提高舒适效果，通常可取为正负 10°～20° 的角度。扶手外展以小于 10° 的角度范围为宜。扶手的弹性处理不宜过软，因为它承受的臂力不大，而在人起立时，还可起到助立作用。此外，在设计时要注意扶手的触感效果，不宜采用导热性强的金属等材料，还要尽量避免见棱见角的细部处理。

2.3.2 卧类家具功能界面

卧类家具功能界面主要是指床面和床垫。舒适的仰卧姿势是顺应脊椎的自然形态，使腰部与臀部的压陷略有差异，差距以不大于 30 mm 为宜。这样的仰卧姿势，人体受压部位较为合理，有利于睡眠姿势的调整，肌肉也得到了放松，减少了翻身次数，使人易于解乏，延长睡眠时间。

床是否能消除人的疲劳（或者引起疲劳），除了合理的尺度之外，还取决于床面和床垫的软硬度能否适应支撑人体卧姿时最佳状态的条件。

床面和床垫的软硬舒适程度与体压的分布直接相关，体压分布均匀就较好，反之则不好。体压是用不同的方法测量出身体重量在床面上的压力分布情况。不同弹性的床面，其体压分布情况也有显著差别。床面过硬时，显示压力分布不均匀，集中在几个小区域，造成局部的血液循环不好，肌肉受力不均造成不适。而较软的床面则能解决这些问题。但是，床面并不是越软越好，如果睡在太软的床面上，由于重力作用，腰部会下沉，造成腰椎曲线变直，背部和腰部肌肉受力，从而产生不适的感觉，进而影响睡眠质量。因此，为保证人在睡眠时体压的合理分布，必须精心设计好床面或床垫的弹性材料，要求床面材料应在提高足够柔软性的同时保持整体的刚性，这就需要采用多层的复杂结构。

床面或床垫通常是用不同材料搭配而成的三层结构，即与人体接触的面层采用柔软材料；中层则可采用硬一点的材料，有利于身体保持良好的姿态；最下一层是承受压力的部分，用稍软的弹性材料（弹簧）起缓冲作用。这种软中有硬的三层结构充分发挥了复合材的振动特性，有助于人体保持自然和良好的仰卧姿态，得到舒适的休息。

2.3.3 桌台类家具功能界面

桌台类家具功能界面主要是指桌面和工作台面。

桌面和工作台面是使用者的主要接触面与操作面。因此，应该避免棱角尖锐的边缘处理，而是采取圆润柔婉的造型方式。并且，选用一些触感温和的饰面材料。

桌面和工作台面色泽处理也是十分重要的。在人的静视野范围内，桌面色泽处理的好坏，会使人的心理、生理感受产生很大的反应，也对工作效率起着一定作用。通常认为，桌面不宜采用纯度高的颜色，因为色彩鲜艳，容易分散人的注意力；当光照高时，色彩明度将增加 0.5 ~ 1 倍，这样极易使视觉疲劳。而且，过于光亮的桌面，会受到多种反射角度的影响，极易产生眩光，刺激眼睛，影响视力。

2.3.4 贮存类家具功能界面

贮存类家具功能界面主要是指贮存物品的隔板，以及与人接触的门板、抽屉面板、拉手等。与其他家具相比，贮存类家具功能界面，既要处理好与人的关系，又要处理好与贮存物品的关系，因此它的设计十分强调程序，即功能、动作以及用途上的程序。

Q&A:

图 2-28 功能系列家具

2.4 功能系列家具

以功能为"联系"要素的家具系列。如套装家具等。它们的造型特点如下：

家具整体形态以功能形态为主，由各种不同的功能构成家具体系。如卧室家具由床、床头柜、梳妆台、梳妆凳、衣柜、床前小桌、写字台等家具品种构成，也就是说家具系列是由各种不同的居室类型的家具构成的。

每一个功能"集团"应有相同的或相似的造型要素，以便在视觉上构成一个系列，可以是造型的形态要素，也可以是色彩要素、材料要素、装饰要素等等。

设计的原动力是挖掘各种可能的功能，并力图实现它。

相同的功能由各种不同的形态要素实现，以获得造型上的创新。

我们要重视具有组合功能的家具形态设计。

重视设计的标准化，尽量采用通用部件。例如在一个功能系列中有多个床，而床身的造型包括床梃、床身等都是一样，只在床头部位进行变化（见图 2-28）。

Q&A:

3

家具造型形态设计

家具造型形态设计
家具色彩形态设计
家具装饰形态设计

Furniture Design

"型"是指对物体"形象"的总称。我们可以将造型理解为名词和动词两大类。它当作名词使用时，是指"物体的形象"，英文注解为"model"；当作动词使用时，是指"创造物体的形象"，英文注解为"modeling"。但西方国家却很少使用"造型"这个名词，而广泛地用"设计"（design）来表示。

物体形象是物体外观特征的综合描述。它包括物体的形态、功能、色彩、材料等要素。

对家具形象进行构思、表达和实现一系列"塑造"的过程就称之为"家具造型设计"。由此可以看出，家具造型设计的主要工作内容包括家具形态设计、结构设计、色彩设计、装饰设计、形象设计等。

家具设计的主要内容包括家具的形式要素设计和家具的技术要素设计。家具形式要素的设计就是对家具的形象进行设计，也就是我们通常所说的家具造型设计。家具技术要素的设计就是对家具中所包括的各种技术要素如材料、结构、工艺、设备等进行设计，也就是我们通常所说的家具技术设计。

特别需要强调的是："造型"的概念不是单纯的外形设计。它不仅包括产品形态的艺术设计，还包括与实现产品形态及实现产品规定功能有关的材料、结构、工艺等方面的技术性设计。因此，严格地说，家具造型设计的概念与家具设计的概念是等同的。

家具造型设计是家具设计的基础，也是家具设计工作的先导。人们认识事物的过程总是从感性认识上升到理性认识，认识家具也是如此。通过感官获取对于家具的第一印象，并做出"喜欢"或"厌恶"的初步判断，进而产生对家具进一步了解和认识的想法。不能引起人们感官刺激的家具形态在第一时间内会被人们自觉忽视。只有当家具造型能引起人们兴趣时，人们才会进一步去了解家具的功能、家具的意义等内容。因此，可以认为家具造型设计是家具设计意义的基础。家具设计工作是一项具体的工作，家具设计首先是从造型设计开始的，按照人们对于家具的预先构想来确定家具的形象，进而从技术的角度来实现这种形象。

家具造型设计既是一种感性活动，需要有对形态的"直觉"，即对形态的感觉能力；家具造型设计又是一种理性活动，需要遵循一定的原则和按照一定的思路和程序来循序渐进，即在一定思想、理论、规则和方法基础之上的理性思维活动。

家具产品形态是以家具产品的外观形式出现的，但这一形式是由家具产品的材料、结构、色彩、功能、操作方式等造型要素组成的。设计师通过对这些要素的组合，将他们对社会、文化的认知，对家具产品功能的理解和对科学、艺术的把握与运用等反映出来，形式便被赋予了意义，蕴涵了它独有的内涵。因此，产品形态是集当代社会、科技、文化、艺术等信息为一体的载体。

家具产品形态创意是整个家具产品设计过程中最难的一个环节。也许收集了大量的市场调查资料后却不知道如何将它们转化成一个理想的产品形态。家具产品形态创意的难度在于要求设计师具有较为全面的知识结构和对这些知识高度的综合应用能力。家具产品形态创意的难度更在于要求设计师具有多元化的思维模式，以创造为核心，将逻辑思维与形象思维有机地融合在一起。

Q&A:

3.1 家具造型形态设计

家具作为一种客观存在，具有物质的和社会的双重属性。家具的物质性主要表现在它是以一定的形状、大小、空间、排列、色彩、肌理和相互间的组配关系等可感知现象存在于物质世界之中，与人发生刺激与反应的相互作用。它是一种信息载体，具有传递信息的能力：家具是用什么材料制成的，是给成人用还是给儿童用，是否"好看"、结实，与预定的室内气氛是否协调，等等。将这些信息进行处理，进而产生一种诱发力：是否该对这些家具采取购买行为。家具的社会性则主要指家具具有一定的表情，蕴涵一定的态势，可以产生某种情调与人发生暂时的神经联系。家具的物质性主要决定了家具的价格，家具的社会性主要决定了家具在消费者心目中的价值。产生的某些诱惑与消费价值对照，最终做出决策：是否该拥有这些家具。综上所述，消费者购买家具的过程是一个充分整理家具物质性和社会性信息的过程，也可以认为是认识、理解家具形态的过程。形态设计在家具设计中的地位由此可见一斑。

3.1.1 家具造型形态基础

（1）形、态、形态

① "形"（shape）。

"形"通常是指物体的外形或形状，它是一种客观存在。自然界中如山川河流、树木花草、飞禽走兽等都是一种"自在之形"。尽管这些形的种类非常多，但在人们心目中的印象是有限的，因为它们常常呈浮光掠影、姿态万千，离我们的距离较远。另一类给我们的认识带来巨大冲击的是"视觉之形"。

视觉之形包括三类：一是人们从包罗万象中分化出来的、进入人们视野中并成为独立存在的视觉形象的"形"，即所谓的"图从地中来"（见图3-1）。

图 3-1 "图从地中来"

二是人们日常生活中普遍感知的一些形象，即生活中的常见之形，如几何形等（见图3-2）。三是各种"艺术"的"形"，即能引起人们情境变化的，被人们称为"有意味"的形（见图3-3）。

② "态"（form）。

"形"会对人产生触动，使人产生一些思维活动。也就是说，任何正常的人对"形"都不会无动于衷。这种由形产生的人对"形"的后续"反应"称为"态"。一切物体的"态"，是指蕴涵在物体内的"状态""情态"和"意态"，是物体的物质属性和社会属性所显现出来的一种质的界定和势态表情。"状态"是一种质的界定，如气态、液态、固态、动态、静态；"情态"是由"形"的视觉诱

发心理的联想行为而产生，即"心动"，如神态、韵态、仪态、媚态、美态、丑态、怪态等。"意态"是由"形"的视觉诱发"形"的"意义"而产生，是由"形"向人传递一种心理体验和感受，是比"情态"更高层次的一种心理反映。

"态"又被称为"势"或"场"。世间万事万物都具有"势"和"场"。社会"形势"——社会发展的必然趋势，对处于这个社会中的人都有一种约束，所谓顺"势"者昌、逆"势"者亡；电学中有"电势"，电子的运动由"电势"决定，使电子的运动有了确定的规律。地球是一个大磁体，地球周围存在强大的"地磁场"，规定着地球表面所有具有磁性的物体必然的停留方向；庙宇和庙宇里

图3-2 生活中常见的几何形

图3-3 "艺术"的形

的"菩萨"会产生一种"场"，使信教的人在这个"场"中唯有虔诚。可见"场"是一种非同一般的"氛围"。

③ "形态"（form or appearance）。

对于一切物体而言，由物体的形式要素所产生的，给人的（或传达给别人的）一种有关物体"态"的感觉和"印象"，就称为"形态"。

任何物体的"形"与"态"都不是独立存在的。所谓"内心之动，形状于外""形者神之质，神者形之用""形具而神生"，讲的就是这个道理。

"形"与"态"共生共灭。形离不开神的补充；神离不开形的阐释。即"神形兼备""无形神则失，无神形则晦"。

将物体的"形"与"态"综合起来考虑和研究的学科就称之为"形态学"（morphology）。最初它是一门研究人体、动植物形式和结构的科学，但对形式和结构的综合研究使它涉及了艺术和科学两方面的内容。经过漫长的历史发展过程，现在它已演变为一门独立的集数学（几何）、生物、力学、材料、艺术造型为一体的交叉学科。形态学的研究对象是事物的形式和结构的构成规律。

设计中的"几何风格""结构主义"都是基于形态学的原理所形成的一些设计特征。

④ 家具中的"形态"。

家具设计中的"形"主要是指人们凭感官就可以感知的"可视之形"。构成家具"形"的因素主要有家具的立体构图、平面构图、家具材料、家具结构以及赋予家具的色彩等。家具的"形态"是指家具的外形或由外形所产生的给人的一种印象。

家具也存在于一种"状态"之中。家具历史的延续和家具风格的变迁，反映了家具是会随社会变化而变化的"状态"；家具的构成物质也存在着"质"的界定，软体、框架、板式等形式反映了家具的"物态"；家具时而表现出稳如泰山、牢不可破的"静态"，时而又展现出轻盈欲飞、婀娜多姿的"动态"（见图3-4）。

家具有亲切和生疏之情，有威严和朴素之神韵，有可爱和厌恶之感，有高贵和庸俗之仪；家具有美、丑之分，则是妇孺皆知的事情。这都是家具的"情态"。

家具是一种文化形式，社会、政治、艺术、人性等因素皆从家具形态中反映出来。简洁的形态体现出社会可持续发展的观念；标准化形态折射出工业社会的影子；各种艺术风格流派无一不在家具形态中传播个性化的家具形态，寄予了设计师无限的百感交集或柔情万种。这些都是家具的"意态"。

⑤ 家具形态设计。

形态设计没有固定不变的原则，需要针对物体本身的性质和特点而进行设计。生活是家具形态设计的源泉之一。家具主要是作为一种生活用品（各种艺术家具除外），因此"生活"成为家具形态设计的根本理念，对于家具的一切"造势作态"都不能违背生活本身和对生活的感受。

在人们的日常生活中，基于生活的体验和朴

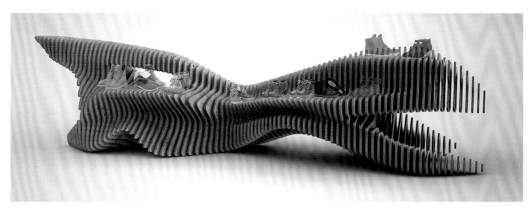

图3-4 动感的家具形态

图 3-5 亲切自然的家具形态

素的审美观念，总是倾向于可以诱发亲切、自然、平和、愉悦、活泼、轻快、激奋等情感的那些形态（见图 3-5）。而对于比较费解的、与生活毫不相干的、比较怪异的形态，则并无多少知音。"曲高和寡"，那些故作姿态、故弄玄虚者，就只能孤芳自赏了。

家具是一种产品，与"产品"有关的功能、技术、生产等要素形成了家具设计的又一基本理念。椅子是给人坐的，床是给人躺的，衣柜是用来存放衣物的，其一招一式都与人的行为密切相关，任何违背人的基本行为方式的设计都说不上是好的设计。技

术是反映家具物质性的重要因素。尤其是现代家具，已基本摆脱了手工艺的特征，深深地烙上了工业产品的印记。技术的进步与发展，清晰地印在了家具产品的形态上（见图 3-6）。生产的因素赋予的同时也限制了家具的形态，一方面，各种高新技术生产设备的加工可能会给家具产品形态带来意想不到的惊奇；另一方面，由于生产因素的限制，作为产品设计的设计师不是设计出什么就能生产出什么。

家具是一种艺术形式。家具形态设计和绘画、雕塑等艺术形式中的形态构思有异曲同工之妙。任

图 3-6 现代科学技术在现代家具中的反映

何具有个性的、民族特色的设计都不失为好的设计；艺术形态的构成手法在家具设计中也同样发挥着作用，生活中人们喜闻乐见的如建筑、其他工业产品、手工艺制品等形态都可以成为家具形态设计的重要参考。

阿尔布雷特·丢勒（Albrecht Dürer）曾经说过：艺术往往包含在自然之中，谁能从其中发掘它，谁就能得到它。何止艺术是如此呢？人的一切行为又何尝能脱离和违背自然？家具形态设计的最高境界恐怕就在于此。

（2）形态的类型

形态设计的目的是创造出具有感染力的形态。对于形态的创造不是凭空捏造，它需要对形态有大量且广泛的了解。认识形态和认识其他事物一样，

需要总结出一定的规律，并在此基础之上找出各种形态的特殊性。因此，分析形态的不同类型成为形态设计的前提。

不同的形态具有不同的意义。家具形态的构成有别于其他形态的构成，分析总结家具的各种形态将有助于对家具形态的创造。

① 形态的分类。

世间万物皆有形态。看得见摸得着、以实物形式可转移和运动的皆可称为现实形态。山川、河流、动物、植物等都是现实形态，它们由大自然所塑造，是一种自然形态；建筑、家具、家用电器等也属于现实形态，它们都是人的劳动成果，是一种人造形态。除此之外，还存在一种只能言传意会、以某种概念（用语言来表达、用数学公式来限定其

状态等）形式存在的形态，它们经常为人们所认识、描述、表达，这类形态称为抽象形态。几何形态通常作为文化的一部分为人们所传承，因此几何形态几乎存在于各种不同的形态中。模仿自然是人的"天性"之一，人的一生与自然和谐相处，其结果是人类创造了各种有机的概念形态。创造性是人区别于其他物种的显著标志之一，人在创造（或创作）过程中，会产生一些纯属偶然的行为，有的是人即刻情绪的流露；有的是人对事物的不同理解；有的是特别的人在特别的时间和场合捕捉到的自然界中的不同现象而存在于人头脑中的记忆。这些都可称为概念形态（见图3-7）。

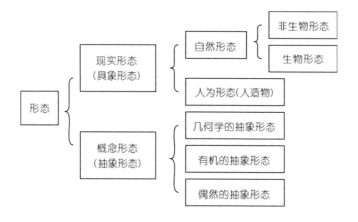

图 3-7 形态的分类

对形态的分类本身并无多大的意义，但有助于人们对形态的了解、总结和记忆。

特别需要强调的是：在现实形态和抽象形态之间，并没有截然不同的界限，它们在一定的条件下可以相互转化。这就给从事设计的人留下了巨大思维空间。也就是说，即使由人所设计出的形态最终演变成了人造形态，但世间各种形态仍可以成为人们创作或设计的素材。

自然界中存在的各种形态如行云流水、山石河川、树木花草、飞禽走兽等都属于自然形态。"江山如有待，花柳更无私"。每个人都生活在大自然的怀抱里，谁都承认，千姿百态、五彩缤纷的自然界是一个无比美丽的世界。自然界的美是令人陶醉的也是最容易被人们所接受的，同时它又是神秘的。大自然中出现的各种形态是人类探索自然的出发点。一切事物、现象最初都是以"形态"出现在人们的意识和视野中，随着这种意识的逐渐强烈、现象趋于明显、形态更加清晰，人类才对它们产生各种兴趣，有的是记录和描绘它，有的是试图解释它。所有这些"记录"和"解释"的过程，就是人们通常所说的"研究"的过程。人类一切活动都可归结为一种——探索大自然的奥妙。

所谓人造形态是指人造物的各种形态类型。反观人类文明史上所出现的各种人造形态，不难发现，人类对于形式的一切创造，都或多或少地可以从自然界中找到"渊源"，这就意味着人类不能凭空捏造出"形态"。也就是说，仪态万千的自然界是各种人造形态的源泉。

家具作为一种人造形态，自然形态在其中的反映几乎无处不在。从古希腊、古罗马风格到巴洛克、洛可可风格，从中国明式家具到西方后现代、新现代风格的家具，都可以找到自然形态在家具设计中运用的生动和成功的例子。因此，研究自然形态向人造形态的转化是研究家具形态设计的一个重要维度。

② 家具形态与家具的设计形态。

各种不同的事物有各自不同的形态特征。有

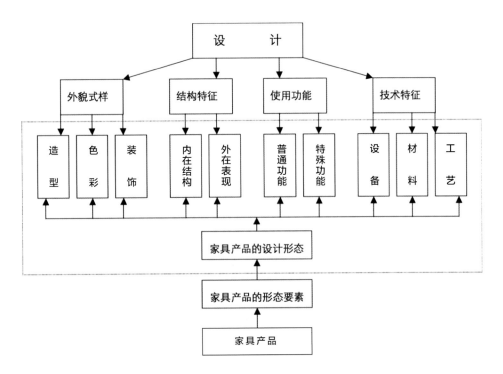

图 3-8 家具的设计形态

的是由自然界的运动规律所决定的，它不以人的意志为转移；有的是由其本身的特性所决定的，如树有树形、花有花貌；有的是由其功能和用途所决定的，如工业产品等人造物品。

家具作为一种物质存在，有它不同于其他物品的形态。由于家具形态的存在，给予了人们评价它的机会和余地，给予了人们对待它的态度甚至是感情。这也是我们研究家具形态的意义所在。

从这里可以看出，研究家具形态的目的有二：一是要归纳总结出什么是人们所能接受和喜爱的形态，人们为什么接受和喜欢它，进而对家具形态做出一些类似于规范的总结；二是研究一些特定的家具形态是在什么情况下出现的，人们是怎样创造出这些合适的家具形态来的，进而为人们做出一些方法上的引导。很明显，在这里更强调后者的作用。

人们可以从不同的角度（如审美、艺术创作、工艺技术等）来研究家具形态。从"设计"的角度出发来探讨家具的形态构成要素、形态构成的方法、形态构成的途径是研究家具设计的有效的方法之一。可以将其视为一种理性的思维模式，其逻辑

性表现在：将"设计"的概念与"家具形态"的概念联系在一起，从"设计"的概念出发，了解什么是"设计"，"设计"工作的内容是什么，再与家具形态的构成要素进行比照，找到家具设计工作的"突破口"。

广义的"设计"概念是一个包括文化、思想等概念的极大的范畴，至今仍然是哲学家、思想理论家、设计家共同探讨的话题。这里姑且不深入下去。

通常人们认可的狭义的"设计"概念却是非常明确的。意大利著名设计师法利（Gino Valle）说过：设计是一种创造性的活动。它的任务是强调工业生产对象的形状特征。这种特征不仅仅指外貌式样，它还指结构和功能。从生产者和使用者的立场出发，使二者统一起来。产品设计的重点在这里已表露无遗：与产品本身有关的外貌式样、结构，与使用者有关的功能，与生产有关的技术。

从图 3-8 中可以看出：从"设计"的角度出发，家具设计要考虑的因素就是家具的"设计形态"。实质上它们与从家具产品的角度出发所要考虑的

"家具形态要素"是基本一致的。而前者的思维线索要更为清晰，更有条理。

③ 家具形态的种类。

认识家具形态的种类没有固定不变的方法。从"家具是一种文化形式"的观点出发，它大致包括历史、艺术（包括设计）、技术等几个主要方面。具体将它们归纳如下。

a. 家具的传统形态。是指家具文化作为一种传统文化形式、家具制品作为一种传统器具所具有的积累与传承。无论是西方传统家具还是中国传统家具，都给我们留下了丰富的遗产，同时也给我们留下了无数为之叹为观止的形态。例如各种家具品种、形式、装饰及装饰图案等。

对于家具的传统形态，我们所采取的态度完全等同于我们对传统的态度：继承与发展。从设计的角度来看，那就是承袭与创新，如图3-9所示。

（a）吸收中国传统圈椅的形状

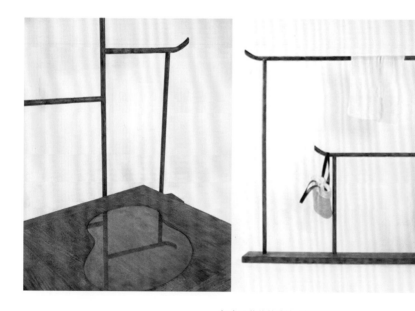

（b）吸收传统建筑的装饰因素

图3-9 家具形态的各种展示

b. 家具的功能形态。是指与家具的功能发生密切关系的形态要素。床是用来"躺"的（见图3-10），站着睡觉总是不行的；椅子是用来坐的，必须在离地的一定高度上有一个支撑人体臀部的面，这些都是由家具的功能所决定的。

家具功能形态设计的关键是设计者如何在新的社会条件和技术条件下发现或拓展家具新的使用功能。家具发展的历史在某种程度上说也是一部人类行为不断发展和完善的历史。

c. 家具的造型形态。是指作为一种物质实体而具有的空间形态特性。它包括形状、形体和态势。人类长期的设计实践，已经总结出了大量有关形态构成的基本规律和形式美的法则，这些已成为进行家具造型设计的有用的参考（见图3-11）。

图 3-10 床的造型要适合人"躺"的行为

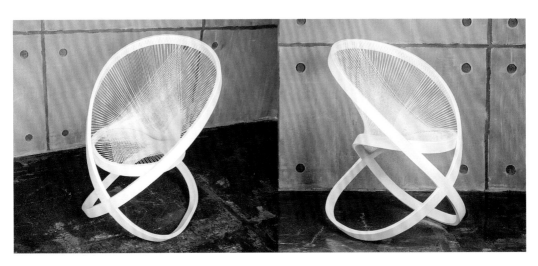

图 3-11 结合悬索桥造型的椅子

图 3-12 家具的色彩构成

图 3-13 家具的装饰要素

　　d. 家具的色彩形态。是指家具所具有的、特殊的色彩构成和相关的色彩效应。从色彩学的角度出发，任何形态都可以看成是色彩的组合和搭配（见图 3-12）。色彩在家具中的作用已经受到了人们极大的关注。

　　e. 家具的装饰形态。是指家具由于装饰要素所赋予家具的形态特征。一方面，家具的格调在很大程度上是由装饰的因素所决定的（见图 3-13）；另一方面，家具的装饰题材、形式有某些共同的规律。

　　f. 家具的结构形态。是指由于家具的结构形式不同而具有的家具形态类型。从产品的角度来看，家具整体、部件都是由零件相互结合而构成的。由于接合方式的不同，赋予了家具不同的形态。

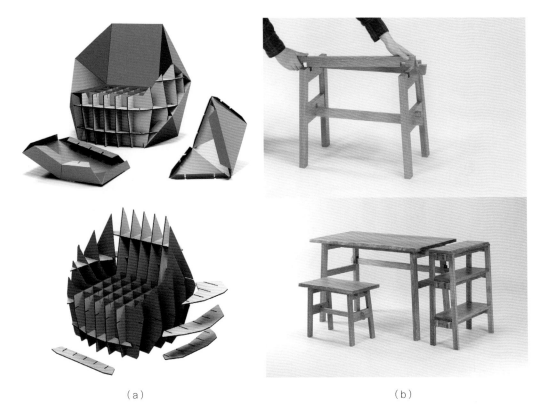

（a）　　　　　　　　　　　　　　　（b）

图 3-14　家具结构的外在表现形式

　　家具的结构形态表现在两个方面：一是由于内部结构的不同而决定的家具外观形态；二是家具的结构形式直接反映在家具的外观上（见图 3-14）。

　　g. 家具的材料形态。是指由于家具材料的不同而使家具所具有的形态特征。材料不同，会产生出不同的外观形状；材料的色彩、质感不同，明显会带来家具形态特征的变化（见图 3-15）。

图 3-15 不同材料的色彩、质感在家具形态上的表现

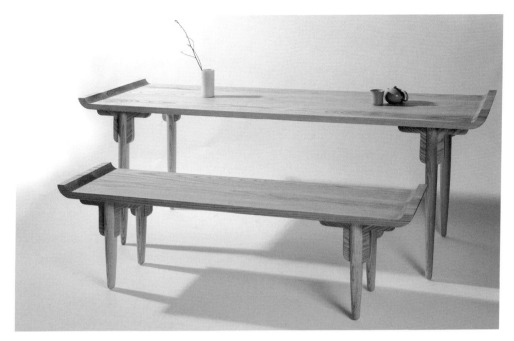

（a）

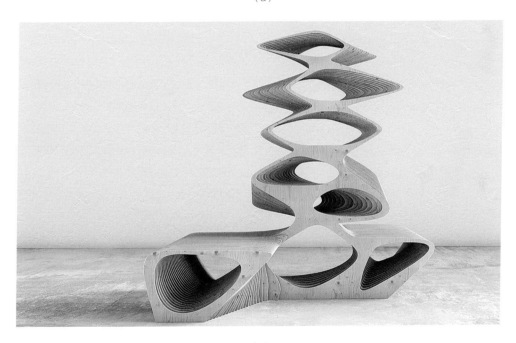

（b）

图 3-16 手工加工与机械加工家具的形态

h. 家具的工艺形态。是指由家具制造工艺所决定的家具形态特征。手工加工与机械加工所赋予家具的外观效果明显不同（见图 3-16）。由于加工方式的不同而产生对家具各种审美的不同，由此所带来的家具风格变化的例子比比皆是。在现代社会中尤其是西方发达国家，由于家具加工方式的不同，其产品的价值也因此相差很大。

（3）形态设计

形态设计可分为概念设计形态与现实设计形态两类。

不论何种设计行为，有两个基本因素是不能回避的，分别是设计的动机（出发点）和设计的结果（以何种形式来丰富社会文明）。只是由于设计的形式不同，表达的方式才有所区别。例如，平面艺术设计等形式强调的是视觉冲击力，进而影响人的思想；建筑设计除了上述目的之外，还要提供人类生活的物质环境。因此，由于设计形式的不同，设计的内容必然各不相同。工业设计（家具设计属于工业设计范畴的观点已早有定论）兼有艺术设计和技术设计的基本内涵，因而设计的感性和理性是其不可缺少的两面性特征，由此出现了两种基本的设计表现形式：概念设计和现实设计（又有人称其为实践性设计）。概念设计是指那些意在表达设计师思想的设计，无明确的设计对象，通常以设计语义符号出现，其技术内涵可以含糊甚至可以省略，旨在提出一些观点供人们做出判断；现实设计有明确的设计对象和明确的物化目的，重在探讨物化过程的合理性和现实可行性（即技术性）。在以往有关设计理论的探讨中，大多数人都将其作为两种不同的指导思想（即所追求的不同的设计结果）来论述其不同的特征和作用。虽然也有些道理，但难免有些偏颇，在产品设计领域中这种偏颇性表现得更加明显。

真正做过产品设计的人都知道，产品设计大体会经历四个过程（见图3-17）。

由此不难看出：一个完整的产品设计过程，实质上包含了产品概念设计和产品现实设计两方面的基本内容。因此，尽管概念设计和现实设计作为两种不同的设计理念、方式与形式，无论是在设计理念内涵上，还是设计的具体实施上均有着自身独特的一面，并在不同的时间和不同的背景下提出，但这两种设计表现形式在工业设计类型中常常是联系在一起的，并在一定条件下互相转化。

① 概念设计与概念设计形态。

a. 概念设计以传达和表现设计师的设计思想为主。生活在纷繁社会里的人对世界有自己的看法，于是用各种方式来发表自己的见解。设计师的社会责任感和职业感驱使他们用设计的方式来表现自己的思想。历史上闻名的《包豪斯宣言》是包豪斯学校密·斯·凡德罗校长对社会、对设计的见解，在这种思想的带动下，出现了现代设计风格。可以认

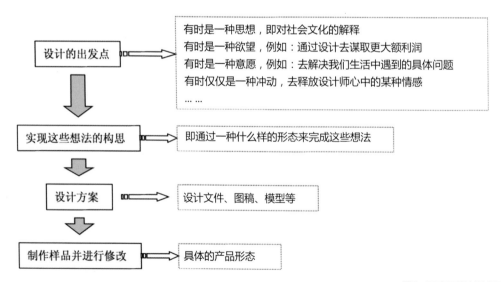

图 3-17 产品设计的过程

图 3-18 以概念设计为主体的设计

为它是所有现代设计的概念。

概念设计常常无明确的设计对象。所有具体的设计对象此刻在设计师的心目中已变得模糊，剩下的只有思想、意念、欲望、冲动等感性的和抽象的思维。因此，有人认为"设计是表达一种精粹信念的活动"。但不能由此就认为概念设计是人的一种"玄妙"和随意的行为。更直接地说，消费者是设计产生、存在的土壤，设计师的分析、判断能力以及他们所具有的创造性的视野、灵感与思想才是设计的种子。虽然概念设计是以体现思想、理念、观念为前提的设计活动，但是它更是针对一定的物质技术条件尤其是人自身心理提出的一种设计方式与理念。

概念设计所要建立的是一种针对社会和社会大众的全新的生活习惯、生存方式是对传统的、固有的某种习以为常却又不尽合理的方式与方法的重新解释与探讨，关心的是社会、社会的人而不是具体的物。因此，概念设计可以被认为是人本主义在设计领域的一种诠释。如图 3-18 所示，思想成为概念设计的主体。

b. 概念设计以设计语义符号来表现概念设计形态。人们通常要借助"载体"来表达思想，诗人用富于哲理的、充满激情的辞藻来抒发内心的情感，设计师选择的是他们所擅长的设计语言，因为只有这些"语义符号"才能将那些"只能意会、不可言传"的思想表达得淋漓尽致。这种"物化"的"语言"（具有广义的语言的含义）与画家的绘画语言有异曲同工之妙：虽然不为人们所常见、熟知，但却极有可能使人们的精神为之一振。如图3-19所示，是一组表现概念设计的案例。

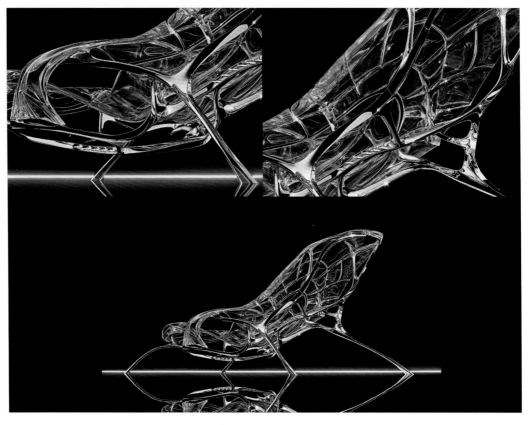

图 3-19 概念设计案例

c. 概念设计重视感性和强调设计的个性。理解了概念设计的动机和表现形式之后，稍有哲学知识的人就应该能理解到概念设计的基本表现特征：重视感性和强调设计的个性。

概念设计挖掘设计师心中内在的潜意识，深层次地从人自身的角度出发去面对事物、理解事物、解读生活、解读人。

概念设计针对的问题与理念的提出往往不具确定性，常带有某种研究、假定、推敲、探讨性质的态度，加之设计师在开拓、历练自己的设计思维方式，也由于在设计师个体上、综合素质与文化背景上的不同，体现在设计上的差异就很明显了。

概念设计强调感性与个性，绝不是陷入"唯心主义"和"个人主义"的泥潭，在当今社会中更是如此。在信息化的社会里，忧患意识与生存危机，更重视自身生存的意义、自我的空间、自我思想的体现，等等，这一切都在呼唤、强调个体的存在价值。尤其在物质极大丰富的今天，人们在赞叹选择空间广阔的同时，更热切地期盼体现自身与自我生存的个性化产品的出现。

② 现实设计与现实设计形态。

a. 现实设计是一种实践性活动。人的任何行为必定会受到思想的约束，设计也不能例外。现实设计是一种切实的设计活动，活动的全过程无时不在贯彻着既定的设计思想，反映在具体行为上，就是设计的每一过程、每一个细节都围绕着设计思想而展开。如图 3-20 所示是一件具有简约风格的家具设计，除了整体外型的简洁之外，设计师在其细部处理、材料的选用上无不渗透着精练的智慧。

现实设计往往有一种非常明确的目的（可能是一个指标、一个参数、一个预想的计划或工程、一件人们心目中形象已非常清晰的产品等）。围绕

图 3-20 简约思想设计

这个目的所展开的一系列工作自然也是具体的和直接的。例如，对于一种材料，它的资源潜力、发展前景是可以预见的，它的经济成本、价格信息可以通过调查获取，它的物理力学性能可以通过检测验证。因此，当设计师考虑材料时，便可以在预想的各种材料搭配方案中进行挑选。图 3-21 所示是一个组合柜的现实设计方案。

现实产品设计的前提是基于大众群体对现有产品的认识、使用习惯及对产品的期望值。这些因素使得设计从开始之初所面对的就是产品本身的特性与大众认知之间的冲突。但设计师有自己的思想，于是设计的过程便成为在其初始的思想基础之上的调整、重组、整合和优化。这也是现实设计实践活动的基本特征。

b. 理性的张扬与感性的压抑。由于现实设计建立在具体的技术因素（材料、结构、设备、加工等）和既定的人为因素的基础之上，诸如市场、价格、企业原有产品的造型风格、必须满足的功能特点、繁杂的生产技术等时时在设计师的头脑中闪现，同时也会成为熄灭他们灵感火花的隔氧层，束缚着他们的行为，其感性可能会受到不同程度的压抑。这是一个不可回避的事实。但只要能理解"社会的人必然受到社会的约束"这个基本道理，所有的抱怨便随之烟消云散，从而去探讨如何在理性的张扬中去释放我们的潜能。

图 3-21 现实设计的方案

设计师将所面对的一些凌乱的因素、烦琐的技术、复杂的过程等要素加以科学、理性地整理，并最大程度地保留他们不愿舍弃的感性的自豪与精彩，是其所必须具备的才能之一。不然的话，世界上也就无所谓有优秀的设计大师和蹩脚的设计小辈之分了。图 3-22 所示是一组椅子的设计。

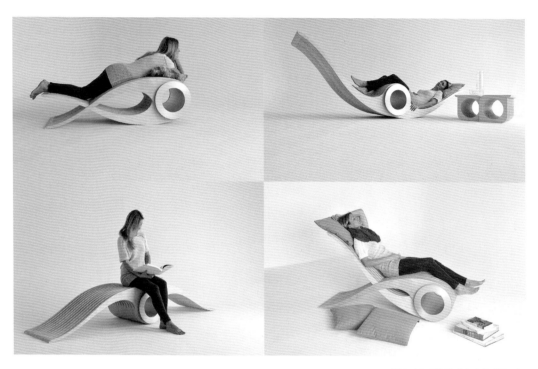

图 3-22 理性基础之上的感性发挥

c. 现实设计的结果是具体的物化后的现实设计形态。汽车产品的现实设计有着汽车设计的现实语言，它们包括速度、加速性能、制动性能、油耗、风阻、轴距、容量、承载量等。家具产品的现实设计有家具设计的现实语言，它们包括空间尺度、人体工程学原理、结构、材料、配件、表面装饰等，如图 3-23 所示。虽然不同的现实产品设计有着与设计相关的共同因素，但产品类别的不同决定了设计的最终结果是不同的产品功能形态。像衣柜一样的汽车和汽车一样的衣柜无论如何也是说不过去的。

图 3-23 汽车和家具

③ 家具概念设计形态与现实设计形态间的转化和促进。

任何一个产品的设计总不能永远停留在概念设计的状态，否则便缺少了设计本身应具有的意义。概念设计与现实设计作为产品设计过程中的两个不同阶段，或者作为表现一种产品而呈现的两种不同形式，它们之间是一种逻辑上的平等关系，因而它们之间只有相互转化和相互促进，而无更多的内容。

a. 概念设计向现实设计转化的条件。技术是联系概念设计与现实设计之间的纽带。在概念设计向现实设计过渡和转化的过程中，技术起了关键性的作用。如图3-24所示的概念设计充分体现了延伸和组合的设计理念，设计的基本构件是1/8球体，通过先进的连接方式使基本构件变换延伸出各种功能和外观形态的产品。这与其说是人们对超强组合构件的向往，不如说是对信息技术、材料与成型技术等未来技术的憧憬。概念设计为技术发展在"茫茫大海之中树立了一座灯塔"。现实设计所依赖的先进技术又不断地启发着人们对未来设计的更高愿望，"设计是客观现实向未来可能富有想象力的跨越"，于是促成了新一轮概念设计的产生。

思想是贯穿概念产品与现实产品的主线。如果要在概念设计和现实设计之间找到某种"血缘"关系的话，"思想"便是基本的遗传因子。概念设计与现实设计之间的"神似"也由此而生。

市场是推动概念产品向现实产品转化的动力。概念设计向现实设计的转化可以发生也可能不发生，一种只有少数人甚至除设计者本人以外没有人接受的观点，在中途夭折是极有可能的事情；可以早发生也可以晚发生，在茫茫的历史长河中一种产

图3-24 体现延伸和组合的概念设计

图 3-25 贴近消费者的生活的现实设计

品投放社会的快慢似乎也无关紧要。其间起关键作用的是社会的需要，说得更为直接一些，是今天市场经济社会起了主要作用的"市场"。

概念产品向现实产品转化的表现形式是产品设计的商业化、日用化、功能化。概念设计无论在造型形态还是在表现力上与现实设计都存在着区别。导致这种区别最根本的原因在于现实设计为了适应社会的需要，将一种概念转化成为了一种具体的功能，将一种纯感觉印象转化成为了一种商业动机，将一种看似高贵的情感转化成为了百姓触手可及的日用元素。如图 3-25 所示，一个抽象的概念设计，消费者无论如何也"消受"不起，只有与现实生活"接轨"的设计才是消费者心目中的所需。

b. 现实设计为新的概念设计提供各种可信的依据。与人类探索自然是一个无限的过程一样，设计也是永无止境的。一种概念设计在一定的社会条件下产生，在更新的社会条件下得以成为现实，但并不等于就此了结，在更新的条件下人们会产生更新的思想、愿望、意念和冲动，从而导致了新一轮

的概念设计。在工业设计（产品设计）领域里，两者就是这样周而复始、循环往复、螺旋式上升，不断将设计推向一个又一个新的高潮。

总之，感性和理性的融合是一个设计师应具备的知识结构。概念设计、现实设计作为设计的两种不同的表现方式，在设计中的地位和作用无所谓孰轻孰重，更不可以将其截然分开，它们作为设计浪潮中两股汹涌的脉流，在社会赋予的广阔的河床上时而分道扬镳，时而交汇合流，不断为设计师创造更加美妙的空间，也不断为社会物质文明和精神文明带来辉煌。

Q&A:

图 3-26 家具中点的表现形式

3.1.2 家具形式要素及其构成法则

形态设计的核心: 将形态的构成要素（点、线、面、体、色彩、质感、光影等）采用何种结构（指构造、组合形式，只具有形式意义，不具有工程意义）或以何种形式（形态）融合（或单独或组合）在一起，以实现概念上的形态要求（形态意义）。

（1）家具形式构成的基本要素

家具的基本形态要素主要包括点、线、面、体等几种。

① 点。

是指某一具有同样性质的形态相对于它所存在的背景或相对于整体而言，在面积、体积的量上相对较小，在感觉上与几何学中所标定的点的性质相似。

点的构成包括三个方面的因素:

一是点之所以成为"点"的条件;

二是点本身的形状与色彩;

三是点在形态中的排列与位置，即点的构成。

家具中的点经常表现为柜门和抽屉的拉手、显著的功能配件或装饰部件等，如图 3-26 所示。

② 线。

线是点运动的轨迹。

形态学中线是指某一具有同样性质的形态相对于它所存在的背景或相对于整体而言，在面积、体积的量上相对较小，在感觉上与几何学中所标定的线的性质相似。按照线本身所具有的形态，大致可以分为直线和曲线两类; 按照线的位置形态来分，线又可以分为平面曲线和空间曲线两种; 按照线的成型和性质，可以将它分为几何线和自由线。

各种不同性质的线具有不同的情感特征。直线简单、明了、有力，能确定一定格式和位置，塑造特定的性格和气质；水平线宽广、安定、宁静、舒展；垂直线刚直、挺拔、上升、严肃；斜线活动、不安定、散射、变化；细直线敏锐，粗直线厚重强壮，如图 3-27 所示。曲线优雅、柔和、丰满、富于变化，能充分表达思想感情；几何曲线单纯、理智、明快，自由曲线动感、奔放、浪漫，如图 3-28 所示。

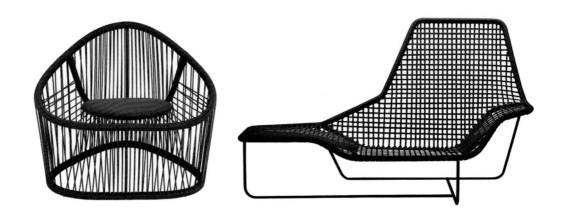

图 3-27 直线的造型特征

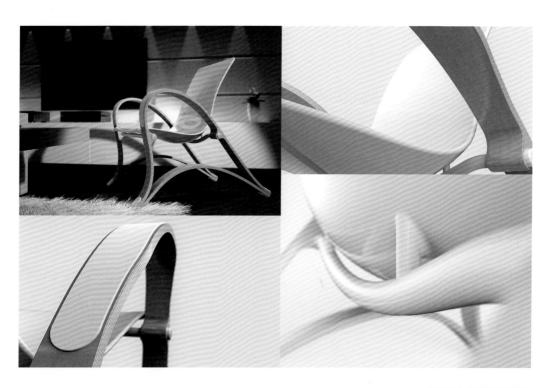

图 3-28 曲线的造型特征

家具中的线表现为多种方式。家具的整体轮廓线可以是直线、斜线、曲线以及它们的混合构成，如图 3-29（a）所示；家具的零部件可以以线的状态存在，如腿脚、框架等，如图 3-29（b）所示；板式家具板件的端面如侧板的凸起、板件与板件之间的缝隙在外观上也是线，如图 3-29（c）所示；家具的一些功能件、装饰件也常常是以线的形式出现，如图 3-29（d）所示。

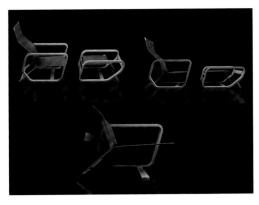

（a）

（b）

（c）

（d）

图 3-29 线在家具中的表现方式的集合

Q&A:

③面。

面是线移动后的轨迹。面有平面和曲面两大类。曲面是指曲线按照一定的轨迹移动后所形成的。平面在空间中表现为不同的形。形又分几何形和非几何形。几何形规则整齐、简洁明了、有秩序，在造型设计中用得最多的包括正方形、长方形、三角形、圆形等几种基本形。其中正方形坚固、强壮、稳定、庄严，但略显单调；长方形睿智、理性、有活力；三角形锐利、稳定、永恒；梯形有稳定感、重量感、支持感；圆形温暖、柔和、愉快、圆满，有动感；有机形生动、浪漫，有活力；不规则形个性突出。

家具中的面的表现有多种方式，主要以家具形体表面形式体现。由于家具的功能性决定了家具中出现的面一般为平面，如图3-30所示。但也常常出现曲面，如椅类、沙发类家具等，如图3-31所示。

图3-30 家具中平面的表现形式

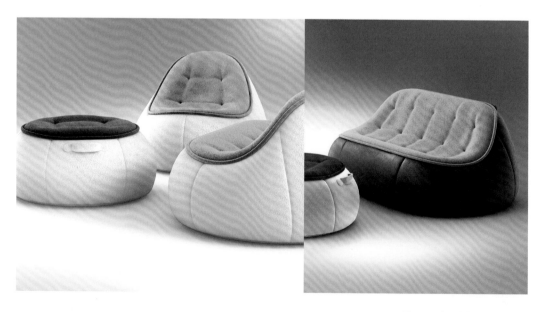

图3-31 家具中曲面的表现形式

④ 体。

体是指面移动的轨迹。形态学中的体通常是指由点、线、面等形态要素组合而成的三维空间。体有几何体和非几何体两大类。几何体是指按一定的几何规律构成的三维空间体，如正方体、长方体、圆柱体、圆锥体、球体等。非几何体泛指一切不规则的形体，如各种生物体。由于家具是一种人造产品，因此家具一般以几何体的形式出现，也可以通过各种特殊工艺如注塑成型方式等，用一些特殊材料塑造出一些非几何体的家具形态，如图 3-32 所示。

体具有体量的感觉。所谓体量就是指体所具有的占据一定空间大小、具有一定"重量"（分量）的性质。体量大使人感到形态突出，容易产生力量和重量感，体量小则使人感到形态小巧玲珑，具有亲近感，如图 3-33 所示。

图 3-32 家具中体的表现形式

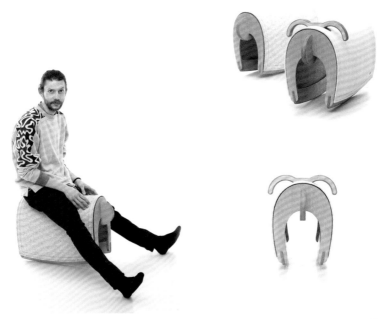

图 3-33 家具的体量感

图 3-34 家具中线和面的表现形式

（2）家具形态常见构成形式

形体是由各种结构形式组成的，将家具零部件运用一定的方式结合起来就构成了家具造型的基本形体。

家具形态构成常见的形式有排列、层叠、堆积、积聚、网孔、切割、交织（编织）、拉伸、弯曲、壳体、构架、嵌合（榫接、插接）、组合等。

排列是指点、线、面、体单元要素在相互隔离状态下的存在状态。排列是家具设计中常见的构成方式。家具常运用线和面的排列，如图 3-34 所示。

层叠是指面和体沿着一定方向的重叠。如图 3-35 所示，这把翻页椅就是受到了书本翻页的启发，设计了可随意翻起的可层叠坐面。

Q&A:

图 3-35 翻页椅

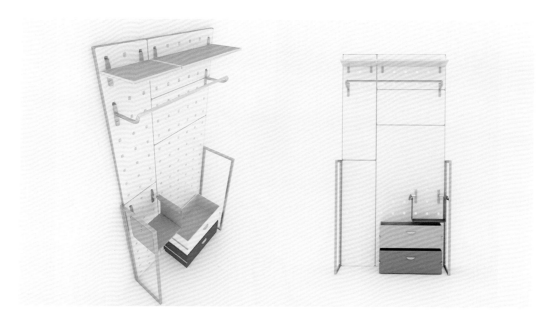

图 3-36 家具的堆积形态

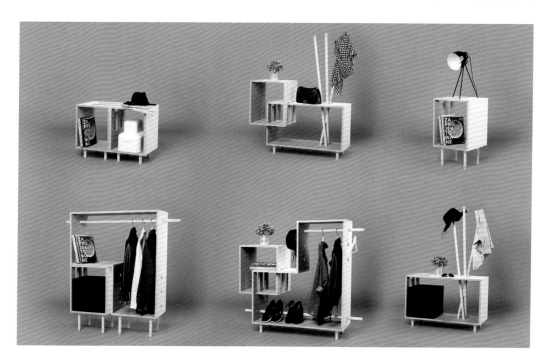

图 3-37 家具的聚集形态

堆积是指不同的体要素相互独立的聚集状态。模块化家具主要运用堆积的构成方式来实现个性化的选择。如图 3-36 所示，将柜体设计成材质、大小、功能、色彩不同的单体，再将这些单体进行堆积和组合，就实现了千变万化的储存空间。

积聚是指相同的体要素以不同的方式集合在一起的状态。与堆积较为类似，强调用相同的体要素进行集合，因此它的应用范围有一定的局限性，如图 3-37 所示。

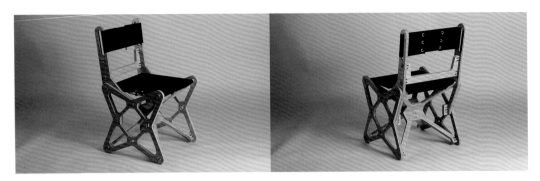

图 3-38 家具的框架结构

图 3-39 家具的构架形式

图 3-40 家具的网孔形态

构架是指线要素有规律的搭建状态。构架是家具形态构成的主要形式之一，如家具结构中的框架结构就是典型代表，如图 3-38 所示。构架形式主要用于木材、金属、竹材等家具中，如图 3-39 所示。

网孔是指在面和体要素上进行穿孔。在家具中主要用于表面装饰，如图 3-40 所示。

弯曲是指线、面、体要素的平面折弯和面、体要素的立体扭曲。弯曲是家具设计中常见的构成

图 3-41 家具中的弯曲形态

图 3-42 家具中的弯曲形态

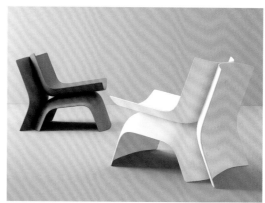

图 3-43 家具的壳体形态

图 3-44 家具的拉伸形态

方式。常用于木材、金属、竹材等家具中，如图 3-41 所示。木质弯曲主要有实木弯曲和胶合板弯曲，如图 3-42 所示。

壳体是指面要素的有机围合状态。主要用于塑料、金属等家具设计中，如图 3-43 所示。

拉伸是指线、面、体等单元要素用线相互牵制的状态。在家具中主要运用绳、麻、金属丝等材料进行设计，如图 3-44 所示。

切割是指对面和体要素进行分解或进行剥离后的状态。它是家具平面形状和立体形态的主要设计方法。常用于木材、金属、竹材、玻璃等家具设计中，如图 3-45 所示。

嵌合是指线、面、体等单元要素在局部相互交合的状态。在家具设计中，嵌合的形式可分为拼接、贯穿、榫接、插接等，如图 3-46 所示。可用于各类材料的家具设计中。

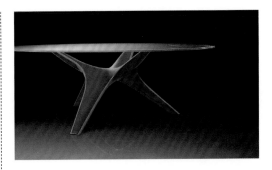

图 3-45 家具的切割形态

图 3-46 家具的嵌合形态

交织是指线、面单元要素的有规律的交合。主要用于竹、藤、绳、麻等材料的家具设计中，如图 3-47 所示。

组合是指点、线、面、体等单元要素的集成状态。是家具设计中最常用的构成形式，如图 3-48 所示。

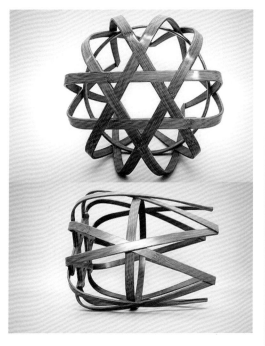

图 3-47 家具的交织形态

图 3-48 家具的组合形态

Q&A:

3.1.3 家具造型形式美原则

有理智地寻求美，首先必须知道什么是美。这是美学研究的范畴。

一种美学理论认为，美是形式上的特殊关系所造成的基本效果，诸如高度、宽度、大小、色彩之类。美寓于形式本身或其直觉之中，或者是由它们所激发。美的感受是一种直接被形式所造成的情绪，与它的涵义和其他外来的概念无关。这种美学思想片面地强调形式的作用，将形式视为审美的目的，从而导致了"形式主义"（如强调设计中的比例、图式等）的设计思想。

另一种美学理论认为：首先要看一件作品的美所要表现的是什么，而正是由于这种表现十分得体，因此形式才是美的。例如黑格尔认为，以最完美的形式来表达最高尚的思想那是最美的。这种美学思想把形式置于审美目的之后，认为形式是为审美目的服务的，从而在根本上改变了形式的地位。最后的结果就是人们熟知的"表现主义"等各种流派。

这两种思想都把他们的着重点放在自己的艺术创作上。科学心理学（研究人的大脑和神经系统怎样实际工作的一门科学）的创立把美的感受变成了一个心理学的问题，从专门研究人的心理反应出发，而不是去研究艺术对象。由于心理学的种类很多，所以关于艺术的心理学种类自然也有很多。自从心理学分裂成实验和生理心理学、分析心理学两大营垒后，心理美学也随之分裂。

心理美学的两大营垒之间有两种最重要的心理学理论。一种是尹夫隆（Einfühlung）理论。他认为：当观者觉得他本身仿佛就生活在作品生命之中的时候，这一艺术作品则是有感染力的，美是人们本身在一个事物里觉得愉快的结果。对于设计来讲，可以据此引申认为：美是由观者对设计作品所起的现实作用的体验而得来的，如简朴、安适、优雅等，可以说愉快寓于设计作品强烈感人的风采之中，宁静寓于修长的水平线中，明朗寓于轻快的率真之中。

另一种心理学理论是格式塔（Gestalt）理论。它建立在格式塔一般心理学基础之上，认为每一个自觉的经验或知觉都是一个复杂的偶发事件，因此美的感受并不是简单、孤立的情绪，但它能从其他所有的情绪里被抽象出来，并做独立研究。换句话说，它是一种感觉、联想、回忆、冲动和知觉等等的群集，回荡于整个存在之中，抽掉任何一个要素，都会破坏这个整体。艺术作品美感上的威力，就在于这个不同反应的巨大集合体，美来自许多水平面上紧张状态的缓和。对于设计来讲，可以引申认为：要在设计作品中找到可以引起联想的部位。

设计的美有许多对设计师具有特殊吸引力的特殊因素。家具的美也是如此。如果人们还认为家具设计是一种艺术形式的话，可以认为家具艺术是视觉艺术之一。所有的视觉艺术作品都建立在一个视点和仅在一个瞬间感觉的基础上，这已经成为美学家的惯例。这种惯例在审视家具作品时，时间因素变得更加重要了。公认的好的设计作品常常是一个艺术整体，观者所体验的每个有关事物，都是这个作品所发生的大量艺术体验中的一部分，它的美感对人来说，是逐渐增长的。整体空间构成、构成的序列、色彩、明暗变化、比例、尺度、休止、对比、高潮等都是按照设计师的意愿被纳入设计秩序之中的，只有接近它并绕它漫步，它的和谐的魅力和优雅的恬静才逐渐变得明朗起来。也就是说，对一件家具的审视，尽管瞬间的感受很重要，但并不是所有的感觉都是在一瞬间就能完全得到的，有的可能需要较长的时间。这就是通常所说的"第一感觉、第一印象"和"经久耐看"的关系问题。第一感觉的作用不能忽视，但也要注意作品应经得起"推敲"。

家具美学的另一特殊性质出现在"透视变形"问题上。当从不同的视点去看家具时，同样的尺寸在效果上似乎发生了变化，观者常常能为变化做出"本能的矫正"。例如，对称的形体，从不同角度去看它,它的对称性会依然存在。可是,当家具太复杂的时候,而且所见到的尺寸有被透视改变的倾向时,人们的眼睛就有可能被迷惑,人们的想象力不足以形成所需要的矫正值。例如,家具中的台面的斜边、圆弧边、帽头等部位。

家具是一个三维空间实体,因此设计师发挥直觉的透视想象力是非常重要的。家具不是用图画或者相片就能表达完整到位的。设计师必须反复从不同的侧面、不同的角度去对它进行观察,尤其是突出的翼部或中间突起、厚度不等的边部或端部等部位。只要是敏感的设计师都会考虑它们,他会本能地去想象平面和立面的效果,他会用一系列小型透视草图去核对他的想象。这也就是我们强调家具设计师应该具有快速设计表现能力和善于做模型的原因。

从上面的叙述中可以看出,不管采纳什么样的设计美学理论,所有的全方位观察都是十分必要的,它们是家具作品真正本性中所固有的特性。也正是由于这样,我们才能够以清醒的头脑,以揭示家具的属性为目的,去审视那些我们认为是经典的家具设计作品。由此可以得出一套虽然说不上是设计的法则或者什么规律,但可以说是一系列在许多情况下都能够应用的一般原则。这样,就能发现许多对于家具的美来说显然是不可缺少的基本属性。这些属性就是我们将要论述的:比例、尺度、统一、变化、对称、均衡、韵律、节奏等。

(1)统一、协调与对比

任何艺术上的感受都必须具有统一性,这早已成为一个公认的艺术评论原则。

一件艺术作品的重大价值,不仅在很大程度上依靠不同要素的数量,而且还有赖于艺术家把它们安排得统一。换句话说,伟大的艺术,是把繁杂的多样变成最高度的统一。

在家具设计中,我们为家具造型的单调而担心得较少。因为家具实际的功能需要,会自发地形成家具造型多样化的局面,即家具造型中复杂的功能形态。当要把家具设计成满足复杂的使用要求时,家具本身的复杂性势必会被演绎成形式的多元化。即使是使用要求很简单的家具,也可能需要一大堆的形态构成要素。因此,家具设计师的首要任务就是把那些势在难免的多样化组成引人入胜的统一。

从变化和多样性中求统一,在统一中又包含多样性,力求统一与变化的完美结合,力求表现形式丰富多彩而又和谐统一,是家具设计的基本原则。

家具造型设计中最主要、最简单的一类统一是简单几何形状的统一。

任何简单的、容易认识的几何形状,都具有必然的统一感。

对柜体空间的水平与垂直分割,造就了柜类家具以矩形为主体的表面印象。尽管这些矩形比例不一,错落有致,但仍然具有高度的统一感,如图 3-49 所示。

图 3-49 家具的统一感

图 3-50 以圆形为主体的家具套装形成的统一感

如图 3-50 所示是一款以圆形单体构成的家具，1/4 圆、1/2 圆、圆等构成了一个序列，这个序列的统一感也清晰可见。图 3-51 所示是具有类似形状的办公家具单体所构成的集成式办公家具组合。

Q&A:

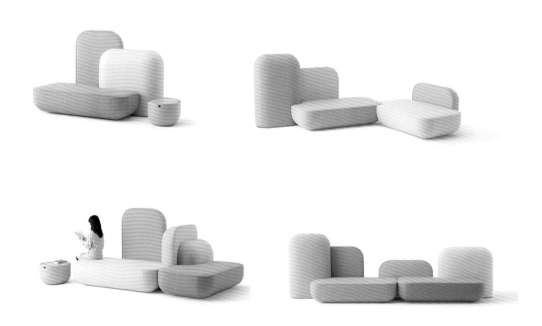

图 3-51 集成式办公家具组合

图 3-52 床的设计——床头与床头柜不一定在形式上相同

（2）家具造型元素的协调

在实际的家具设计工作中会发现：许多家具很难以上述所介绍的"简单的几何形状的统一"来实现。在这种情况下，可以采用几种不同的设计手法来尽可能地实现统一。

① 强调次要部位对主要部位的从属关系来达到整体的"统一"。

尽管家具局部与局部之间、单体与单体之间存在某些差异，但通过强调主体的方法，可以使这些有差异的部分达到协调：即使不统一也是被容许的和可以被接受的。

床身通常是床组合的主体、主要部位，而床头柜则"沦"为从属和次要部分，只要床头板高出床头柜成为"中心"，床头柜与床头板之间在形状上的差异性是可以被接受的。如图 3-52 所示。

类似这样的设计如酒柜的设计、橱柜的设计等，如图 3-53 所示。被确立为主要部位的地方就是我们通常所说的"重点"。任何设计作品，为了突出主题和强调某一方面，常常选择其中的某一部分，运用一定的表现形式进行较深入细致的艺术加工，借以增强整个作品的感染力。

家具设计的重点处理主要表现在对功能、体量、视觉等方面的主体、主要表面、主要构件等进行重点处理。家具的主要功能部件一般是家具的重点。如支撑类家具的"腿脚"，家具中与人体经常发生接触的部位，等等。家具的视觉主要部位一般也是家具的重点。如椅子的靠背和座面，桌子的桌面及其侧边，柜体的正面，床的床头板，等等。家具形体的关键部位一般也是家具的重点。这些部位常常是塑造家具风格的主要位置。如柜体的顶部、

脚架，椅子靠背的顶端和椅脚，柜门上的拉手等。

②求得家具形状整体"表情"的协调。

通常所说的一套家具或一个系列家具，它们必然具有某种统一的性质。这种统一大多数是建立在相同的或相似的造型元素的基础之上。一种艺术风格、一种形状、一种装饰元素（如装饰题材、装饰图案等）、一种材料（材料的色彩、材料的质感等）、一种结构形式、一些相同的配件或功能单体、一种色彩或色彩搭配方式等造型元素，都可能成为统一的"纽带"。

图 3-54 所示是由于色彩所带来的统一；图 3-55 所示是由于采用了相同的材料而产生的统一；图 3-56 所示是由于装饰（线脚、图案）所造成的统一。

图 3-53 橱柜的设计

图 3-54 色彩可以成为家具统一的因素

图 3-55 材料可以成为家具统一的因素

图 3-56 装饰可以成为家具统一的因素

（a）艺术风格的对比

（b）形体的对比

（c）体量的对比

图 3-57 对比

（3）统一中求变化

统一中求变化就是在统一的基础上、在不破坏整体感觉的前提下力求表现效果的丰富多彩，以避免由于统一造成的单调、贫乏、呆板。

变化即指冲突、对比。因此，变化有时可以取得比统一更强的视觉冲击力。

对比是求得变化的重要手段。对比就是把造型要素中的某一要素如线、色等按显著的差异程度组织在一起加以对照。它强调同一要素中的不同，在差异中达到相互衬托，表现各自的个性和特点。

家具造型设计中，最常见的对比要素是造型风格、造型形态和材料的运用，具体来说有如下：

艺术风格的对比——中西结合、传统与现代的结合……

形体的对比——大与小、方与圆、高与低、宽与窄……

体量的对比——大与小、轻与重、稳定与轻巧……

方向的对比——水平与垂直、平直与倾斜……

线条的对比——长与短、曲与直、粗与细、水平与垂直……

色彩的对比——深与浅、明与暗、强与弱、冷与暖……

质感的对比——硬与软、粗糙与细腻……

虚实的对比——开敞与密闭、透明与不透明……

如图 3-57 所示。

这里需要强调的是：对于任何造型形态而言，统一是绝对的，变化是相对的。也就是说，离开了统一的变化将会是杂乱无章的。因此，对变化手段的运用决不能简单直接，而应该具有某种技巧，这种技巧就是我们所说的调和。调和是通过缩小差异程度的手法，把对比的各部分有机地组织在一起，使整体和谐一致。

（d）方向的对比

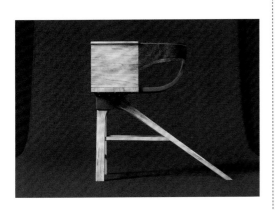

（e）质感的对比

（g）色彩的对比

（f）虚实的对比

（h）线条的对比

图 3-58 设计中的调和处理

达到调和的手法就是在不同中寻找相同的因素，如色彩虽然有深有浅，但可以在色调上求得一致；形体虽然不同，但可以求得体量的相同；外形特征虽然不同，但可以在装饰形式上相同；等等。如图 3-58 所示。

（4）对称与均衡

由对称和均衡所造成的审美上的满足，与人"浏览"整个物体时的动作特点有关：当人们看一个物体时，眼睛从一边向另一边看去，觉得左右两方具有的吸引力是一样的，人的注意力就会像钟摆一样来回游荡，最后停留在两端中间的一点上。如果把这个"中点"重点地加以标定，以致眼睛能满意地在它上面停留下来，这就在观者的心目中产生了一种健康而平衡的瞬间。

① 对称。

如果可以在一个形体的中部标定一根假设的"中轴线"，这根轴线两边的形体是完全一样的，就称这个形体以中轴线对称，这根中轴线就称为对称轴。由此可以看出，对称形体存在的条件有三：一是有"对称轴"存在；二是对称轴两边的形体一致；三是要标定出"对称轴"。

家具的立面效果越是复杂，在这个立面上强调对称的因素越是重要。强调对称的技巧最后落在如何设定对称中心上——如何巧妙地标定出这根能避免视线紊乱和游离的中心线。

（a）家具中"对称轴"的标注方法——形式要素

（b）家具中"对称轴"的标注方法——家具单体

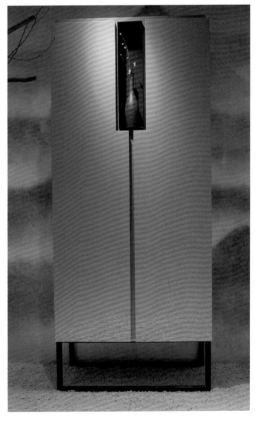

　　有些家具形体的对称轴可能会反映在某一具有"线"的特征的构件上，如图3-59（a）所示。但不是所有的家具都是如此，如图3-59（b）所示，这件家具的对称轴存在于家具的中间部位的单体中，它在视觉上是不固定的，局部强调可以形成视觉上对称轴。如图3-59（c）所示，在柜体中间单元的顶部加以特殊装饰。

（c）家具中"对称轴"的标注方法——局部强调

图3-59 家具中"对称轴"

标定对称轴的方法也是值得斟酌的，我们不可能真正地在对称轴上画出一条线来。如果家具形体中的对称轴两边有线构件存在的话，对这根"轴线"加以特殊的与其他线构件不同的装饰是很好的方法。如图5-60所示，在家具立面图的轴线位置的上、下端分别设置一些特殊的装饰要素，用呼应的方法在此位置使观赏者的视觉产生一条"虚拟"的中轴线。还有一种常用的技巧就是让对称轴所处的单体与其他两边的单体在深度方向上产生一些层次感，如将这个单体有意识地凸出于两边的单体或凹进于两边的单体。当中心凸出时，应注意不要突出得过分，以免破坏了突出部位和后退之间的连续感；与此相反，如果把有意义的中心放在后退的要素上，并赋予中心的意义，这种强调可能更为有力（见图5-61）。

②均衡。

形体对称的构图给人一种规整、洁净、稳定而有秩序的感觉，但同时又可能带来呆板、迂腐的感受。为打破这种可能的单调感，我们常常采用均衡的构图手法。

所谓均衡，就是指在严格的形体辨认中不对称而视觉上可以认为是对称的一种构图手法。根据

这个定义，可以认为对称是一种最简单、最基本的、规则的均衡；同样也可以认为，均衡是一种比对称更为复杂的对称，是一种不规则的均衡。与对称相似，我们的视线总可以在一组不规则对称的构图中"找"到视觉平衡的位置，这个位置就称为"均衡中心"。

家具设计中，由于功能的因素经常造成家具构图的不对称。更为重要的是："不对称"几乎成了人们当今家具审美评价的一个"准则"。熟悉家具设计史的设计师一定知道，文艺复兴时期及其以前的家具形式经常以对称的形式出现，但到了20世纪中叶，设计师自发地倾向于不对称结构，除非一些与纪念、庄严、严谨等要求有关的设计。

"当均衡中心的每一边在形式上虽不相同，但在美学意义上却有某种等同之时，不规则的均衡就出现了"。在不规则的均衡中，更需要强调均衡中心。否则，将会招致整体构图的散漫和混乱。因此，"强调均衡中心"成为不规则均衡设计的首要原则。不规则均衡的第二个原则称为杠杆平衡原理。物理学中杠杆平衡的原理是动力 × 动力臂 = 阻力 × 阻力臂。家具构图中，如果假想的均衡中心存在的话，均衡中心两边的家具形体的"体量感"则分别可以看成是这个杠杆中的动力和阻力，而两边重心的位置离均衡中心的距离则分别可以看成是动力臂和阻力臂。在这个原理上再加以拓展，我们可以认为：一个远离均衡中心、意义上较为次要的小物体，可

图3-60 对"轴线"加以装饰

图3-61 设计虚拟的"轴线"

以用靠近均衡中心、意义上较为重要的大物体来加以平衡。

这里就需要讨论体量、体量感的问题。所谓体量，是指形体在人们的视觉心理中所具有的类似于物体的重量；关于这种重量的感觉就称为"体量感"。一个家具形体的"体量感"与这个形体的大小、虚实、色彩、质感以及本身所具有的重量的性质有关。形体体积越大，体量越大；实体比虚体的体量大；色彩沉着的形体比色彩淡雅的形体的体量大；质感粗糙的比质感细腻的体量大，如图3-62所示。

图 3-62 家具的体量感

家具是一个具有三维空间的形体，单从家具的某一立面出发来确定家具的均衡是不够的。这时，对家具的各个立面进行综合设计就变得非常重要，有时要结合模型才能正确地确立均衡中心。

当确立好均衡中心后，对均衡中心的标定又成为设计的重点。一组家具的均衡中心有时是不确定的，即有时是以"线"要素反映出来，有时却是以"面"要素甚至是"体"要素反映出来。当出现后两种情况时，我们认为均衡中心是不确定的。这时要对其进行标定。标定的方法与标定对称中心的方法基本相同，即对此部位进行重点处理，以吸引人们的注意力，如图3-63所示。

图 3-63 家具的均衡中心

最后值得说明的是，从系统设计的观点出发，对于家具的对称和均衡的设计应该考虑到与家具相关的其他因素，如与家具相关的陈设和与家具的功能有关的因素。例如，电视机柜的设计，当以组合柜的形式出现时，就应该考虑电视机摆放的具体位置以及电视机所具有的体量，并以此为依据确立最后的均衡或对称构图。否则，电视柜被使用时和未被使用时的构图将会有天壤之别，用户购买时对它的印象和使用时的印象将会判若两样。这将是一种对用户不负责任的态度。因此，在现在家具展览会上，大部分厂家都对他们推出的家具配以常规陈设，以此来完善或更准确地反映设计效果。

总之，对称和均衡可以称为家具设计在艺术方面的基石，它赋予外观以魅力和统一，它促成安定，防止不安和混乱，既是世界性伟大设计得到完美构图的基础，又具有超越人类一般活动之上的神奇威力。在功能方面，它是基础；在纯美学方面，它也是基础。

（5）尺度与比例

只要是可视的形体，它就有尺度的概念。尺度是一种能使物体呈现出恰当的或预期的某种尺寸的特性。家具的尺度是指家具造型设计时，根据人体尺度、使用要求和某些特定的意义要求赋予家具的尺寸和对于尺寸的感觉。物体的尺度除了可以用具体的尺寸来描述外，还可以用人们对这种尺寸的感觉和印象来描述。尺寸有绝对大小，也有相对大小，尺寸大小给人的感觉是通过比较才得出来的。这种物体的尺寸给观赏者的感觉和印象就是物体的尺度感。

比例是建立在尺寸或尺度之上的各种尺寸或尺度之间的对比关系。一个形体往往不只具有一种尺寸，例如家具就具有长、宽、高三维方向的规格尺寸，还有构件、零部件的尺寸，这些尺寸共存于同一个家具形体中，就不可避免地形成对照和比较，于是就有了比例的概念。家具的比例是指家具中所有尺寸之间的比率关系。艺术学原理和美学原理告诉人们，当尺寸之间的比率关系符合一些特定的规律时，这种比率关系能给人一种美感。因此，这种比率关系就是设计时所追求的比例。

人们都一致承认尺度、比例在家具造型艺术中的重要性。

① 家具的尺度。

和比例密切相关的一个造型特性就是尺度。

在造型学中，尺度这一特性能使形体呈现出恰当的或预期的某种尺寸。

纯几何形状只是一种形态特征，本身并没有尺寸的概念，也就无所谓尺度。一个四棱锥，可以是小跳棋的棋子，也可以是埃及金字塔；一个球形，可以是细胞、网球，也可以是地球、太阳。

a. 体现尺寸特征的几个方法。要让一个形体具有尺度，或者说要让形体体现尺度的特性，就必须采取一些方法，这些方法的核心就是引入一个在人们的心目中有某种固定感觉的一个与尺寸有关的因素，用它来和这个形体形成"比较"，"比较"的结果就是

尺度和尺度感。通常采用的方法有如下几种：

a）引入一个尺寸单位。这个引入单位的作用，就好像是一个可见的标杆，它的尺寸人们可以简单、自然和本能地判断出来。在 32 mm 系列板式家具中，系统孔位就好比是这样一种尺寸单位，如图 3-64 所示。

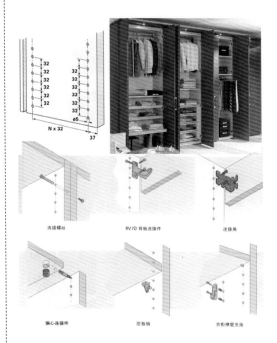

图 3-64 引入一个尺寸单位来强调家具的尺度感

b）与人的活动和身体的功能最紧密、最直接接触的部件是建立形体尺度的最有力的部件。在这里，人的身体变成最直接最有力的尺度了。用人体的尺度来衡量家具的尺度是家具设计中最常用的手法。如图 3-65 所示。

图 3-65 引入人体的尺度来强调家具的尺度感

图 3-66 引入常见物品的尺度来强调家具的尺度感

c）人们最熟悉的尺寸作为一种度量来比照出形体的尺度。书柜中人们对放置书的每一格的间隔尺寸是比较熟悉的，它可以成为一种度量来比照整个书柜的尺度，如图 3-66 所示。

b. 几种需要注意的尺度。家具中的尺度虽然是家具造型的一种特性，但这种特性应该是与家具的功能和意义密切相关的。也就是说，我们不能为了造型的尺度感而盲目地设计家具的尺度感。在设计家具时，有几种尺度是需要特别注意的：

a）与人有关的家具尺度。家具是给人用的，家具的尺度与人发生直接联系，不适合人体尺度的家具无论如何都不是好的家具设计。椅子是给人坐的，床是用来睡的。这些与人体有关的尺度不是可以随心所欲地"设计"的，如图 3-67 所示。

b）与物有关的家具尺度。家具与物发生关系，如书柜是用来放书的，电视柜是用来放置电视机的，酒柜是用来展示或放置酒的。这些物品除了对家具的尺度有直接要求外，同时也比照出家具的尺度是否合理，如图 3-68 所示。

图 3-67 与人有关的家具尺度

图 3-68 与物有关的家具尺度

c）与空间有关的家具尺度。家具存在于特定的空间中，家具的尺度设计受这个空间的尺度的影响很大。例如，北京人民大会堂的演讲台的尺度肯定要比一般教室的讲台的尺度大；一般公寓式住宅中的家具尺度往往是常规的尺度，而对于特大户型的别墅中的家具设计来讲，它的尺度一般都比较大，以适应大空间的尺度感，如图 3-69 所示。

图 3-69 与空间有关的家具尺度

d）象征性的家具尺度。出于家具审美意义的考虑而表现的家具尺度。和"正常"尺度的比较，我们发现这些尺度或大或小，分别称之为"宏伟的尺度"和"亲切的尺度"。中国古代皇宫的"龙椅"的尺度很大，其象征意义是君主地位的至高无上，如图3-70所示。

② 家具中的比例。

家具形体是各种家具造型形态要素的集合，其中点、线、面、体等形态要素是主要的构成因素。将这些形态要素集成在一个形体内，既需要有对这些要素的感性认识，更需要有对这些要素的理性认识，这是形成家具理性美的必要条件。

a. 家具造型的比例。家具造型中存在各种比例因素，其中最主要的有如下几种：

a）家具整体的比例。如家具宽、深、高三维方向的规格尺寸所形成的比例关系，图3-71所示。

b）局部与整体的比例。如家具单体与家具整体间的比例关系，家具表面的划分与家具整体的比例关系，等等，如图3-72所示。

图3-70 象征性的家具尺度

图3-71 家具的整体比例关系

图3-72 家具局部与整体的比例关系

图 3-74 家具单体与其零部件的比例关系

图 3-75 家具零部件与零部件的比例关系

图 3-73 组合家具中单体之间的比例关系

c）家具单体间的尺寸和比例。组合家具常常是由多个单体构成的，构成这件家具的单体之间的比例关系。如家具可能是由高、低不同的单体构成的，高形单体的高与矮形单体的高的比例关系就属于此种，如图 3-73 所示。

d）零部件与单体的比例。家具单体是由零部件组成的，零部件的尺寸与单体的尺寸之间存在一定的比例关系。如带框的柜门的框架宽度与柜体宽度之间的比例关系、椅腿尺寸与椅身尺寸之间的比例关系、办公桌桌面的厚度与办公桌高度和桌面尺寸之间的比例关系等都属于此类，如图 3-74 所示。

e）家具零部件与零部件之间的比例。如水平板件的厚度尺寸与垂直板件的厚度尺寸之间的关系、实木家具中各构件的断面尺寸的比例、拉手大小与柜门尺寸的比例等，如图 3-75 所示。

b. 影响家具造型比例的因素。家具造型中的比例关系不是随心所欲确定的。影响家具比例关系的因素很多，其中最基本的因素有如下几个：

a）家具的功能。家具的功能是决定家具比例的最重要的因素。家具的功能在决定家具尺度的同时，也决定了家具中的各种比例关系。如床面的尺寸及其比例等。橱柜类家具在设计时，需要储存的

图 3-76 家具的功能决定家具的比例

物品的尺寸决定了家具尺度，也决定了柜体空间划分的比例关系。再者，家具的比例关系与数千年来人们对家具的认识有关，各种不同功能的家具在人们的心目中形成了一种约定俗成的比例关系，这些比例关系自然而然演化成为一种美的比例，如图 3-76 所示。

图 3-77 家具的材料决定家具的比例

b）家具材料。不同材料制成的家具产品，其中的比例关系也各有不同。由于材料物理力学性能的差异，当具有相同功能的产品构件使用不同的材料来制作时，势必带来比例关系的变化。例如，同样是用作桌腿，如果用木材来制作，桌子的造型会比较厚重；而用金属材料制作时，它的造型会相对轻巧，如图 3-77 所示。

c）家具结构与生产工艺。家具结构、生产工艺因素会造成家具构件尺寸的不同结果，进而影响家具的比例关系。例如，对于实木家具而言，若采用木材构件间的直接接合如榫接合，则相互连接的构件的尺寸可能会比较大；而采用特殊连接件接合时，则构件的尺寸可能会相对较小，因而影响构件与构件、构件与整体间的比例关系，如图 3-78 所示。

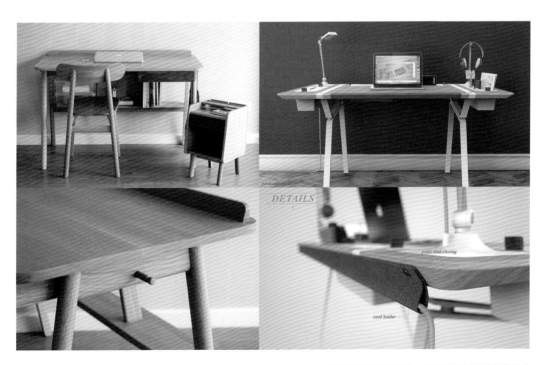

图 3-78 家具的结构、生产工艺对家具比例的影响

图 3-79 特殊的审美原则赋予家具一种特定的比例关系

d）特殊的审美原则。在中外家具发展史上，人们会发现这样一种现象：由于某种社会思想意识或宗教意识的影响，人们把这些思想观念融贯于家具造型中，采用艺术夸张手法，赋予家具一种特定的比例关系，如图 3-79 所示。

e）家具的尺寸和空间位置。由于家具的尺寸和空间位置的不同，人们对它进行观察时，可能会产生一些视觉"误差"即透视变形的情况，这时要对原有的比例关系做一些适当的"修正"，如图 3-80 所示。

图 3-80 家具的尺寸和空间位置影响家具的比例

c．家具造型常用的比例法则。自然界中的一些自然形态如树木、花草以及现实生活中的一些人为形态如建筑之中都存在着许多比例关系，由于这些比例关系为人们所熟悉继而为人们所接受而具美感，这些比例为造型设计积累了丰富的经验。人们在此基础上也总结出了一些关于比例的运用法则。在家具造型中常用的比例法则有下列几种：

a）数学比例法则。当两个比相等时，比例一词在算术上的定义便成立了。在 A：B=C：D 中，A：B 和 C：D 称为比。

这是一种通用的比例关系。在家具造型设计中应用的关键就是要确定 A，B，C，D 分别代表什么。一般说来，家具的主要尺寸是家具的规格尺寸，它们之间存在一种比例关系，将这种比例关系"延伸"到各个局部，使局部具有与整体相似的比例关系。

b）几何比例法则。通过几何制图所得到的各种比例关系。对于长方形，其周边可以有不同的比例仍不失为长方形，因此没有肯定的外形，但经过人们的长期实践，摸索出了若干有美的比例的长方形，如黄金比例长方形、根号长方形（如√2，√3长方形）等。黄金比例长方形是家具造型中非常重要的一种长方形，它经常被用作柜体的规格尺寸之间的比例、柜体空间划分、柜门表面构成等造型中。

就若干几何形状之间的组合关系而言，它们之间应该具有某种内在的联系，这种联系的方法就是它们各自的比例基本接近或相等，或者说它们具有相同或相近的比例。如通过作图的方法（使相邻的长方形的对角线相互平行或垂直）使相邻的长方形之间形成某种比例关系。

对于比例法则的运用是十分灵活的，其间所蕴涵的意义可能也十分复杂。法国建筑师奥莱·勒·迪克对于建筑造型中比例问题的论述值得我们借鉴："作为比例，其意思是指整体与局部之间的实际关系——这个关系是合乎逻辑的必要的；而作为一种特性，它们同时又满足理性和眼睛的要求。"

（6）韵律

① 韵律的概念。

韵律是任何物体的诸元素成系统重复的一种属性。在艺术中，具有强烈韵律的图案能增加艺术感染力，因为每个可知元素的重复，会加深对形式和丰富性方面的认识。可知性帮助理解，而情绪上的理解又促成感染力的增强。

韵律是使任何一系列大体上并不连贯的感受获得规律化的最可靠的方法之一。例如，一些散乱的点，要想记住它，虽说不是不可能，但也是相当困难的，因为这些点所具有的效果，是混乱或单调，别无其他。如果把同样数量的点分成组，这样一来，整体的效果就是可以认识的一种重复了，这些系列马上就变得有了连贯性，我们说它已经图案化了。

韵律的类型有连续的韵律、渐变的韵律、起伏的韵律和交替的韵律等几种。连续的韵律是由一个或几个造型单位组成的，并按一定的视觉距离连续重复排列而形成的韵律，如图3-81（a）所示。渐变的韵律是在连续重复排列中让其中的某一要素或要素的某一特性成规律地渐次变化，如逐渐增加或减少某一要素的大小、形式或数量等，如图3-81（b）所示。起伏的韵律是指韵律构成要素中的某一要素呈起伏变化，如尺寸的"大—小—大"变化等，如图3-81（c）所示。交替的韵律是指多种造型元素有规律地穿插、交替出现，如图3-81（d）所示。

（a）连续的韵律

（b）渐变的韵律

（c）起伏的韵律

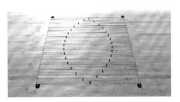

（d）交替的韵律

图3-81 韵律的类型

从上面的概念中可以发现：韵律的共性就是重复和变化。简单的重复构成连续的韵律，复杂的重复构成各种其他形式的韵律。变化作为一种手段使韵律的形式更加丰富。

② 家具造型中的韵律构成。

在家具造型中，韵律的形式也是非常重要的。家具造型中的韵律形式有下列几种：

a. 由家具的功能要素所决定的家具造型韵律感。有时家具的功能就决定了家具是一些基本功能的重复，为达到此目的，家具的形态别无选择，为避免这种情况下家具形态的单调感，通常采用一些变化的手法。如一排造型相同的座椅，在形式上已经具有了韵律感，再加上不同色彩的使用，其形式立刻更加丰富生动，如图 3-82 所示。

b. 家具单体、部件、零件的构成所形成的韵律感。组合家具中家具单体的重复使用或有规律地变化（如高低错落、由高到低等）所形成的韵律。家具单体中对部件的设计也能使家具产生韵律感，如柜类家具中相同柜门的反复使用，抽屉的连续排列等情形；家具零件的重复与连续，也能使家具造型具有强烈的韵律感；等等。如图 3-83 所示。

c. 家具形态所构成的韵律。由家具形态要素的构成方法所形成的韵律感。如一种形状反复出现或反复被使用，从而形成一种韵律；一种装饰图案的重复或连续使用，不仅使家具具有了统一的整体感，同时也形成了家具局部或整体的韵律造型；家具的材料形态如木材的纹理、薄木贴面的拼花、藤材的编制图案等形成一种韵律，如图 3-84 所示。

图 3-82 家具功能要素所决定的家具造型的韵律感

图 3-83 家具单体、部件、零件的构成所形成的家具的韵律感

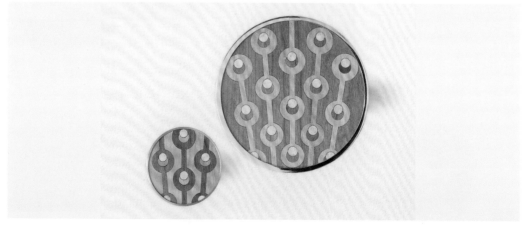

图 3-84 家具形态构成形成的家具的韵律感

③ 家具造型设计中形成韵律的方法。

家具造型设计中形成韵律的方法多种多样，采用最多的形态要素有如下两种：

a. 图案或形状。利用图案和形状的重复与交替形成各种不同形式的韵律，如图3-85所示。其排列方式有两种：一种是开放式排列，即只把类似的单元做等距离的重复或交替，没有一定的开头和结尾；另一种是封闭式排列，即用一个确定的标记，把开放式韵律两端封闭起来。前者的效果通常是动荡不定，含有某种不限定和骚动的感觉；后者则相对比较稳定和保守。

b. 线条。线条的韵律在家具造型设计中表现得很多。既可以是一种直线条的长短或弯曲度做系统性的变化和排列，也可以是曲线运动的重复，如圆到椭圆的变化等。平面图案有时也具有一种纯线条的抽象性质。如家具装饰设计中的由图案装饰形成的线脚，如图3-86所示。

图 3-85 图案形成的韵律

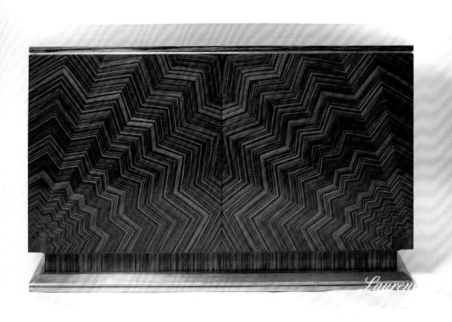

图 3-86 线条形成的韵律

（7）重点处理

任何艺术作品，为了突出主题，通常会选择其中的一些部分运用一定的表现形式对其进行较为深入细致的艺术加工，借以增强整个作品的艺术感染力。

家具是一种空间形象，家具形态要素组合的必然结果是形成关于这些形态要素的序列，即秩序。在这种序列中，必然有主有次有高潮，否则将会是"平铺直叙"，毫无生气可言。

① 家具造型的重点。

家具形态通常是一个复杂的几何体，为了给观赏者留下深刻的印象，从而得到关于家具特征的认识，往往要对家具的一些重点部位进行重点处理。因此，确定家具的哪些部位是重点部位就非常重要。

家具造型中通常被我们列为重点对象的部位有下列两类：

a. 家具的主要功能界面和功能件。家具一般与使用的"人"和与家具有关的"物"发生直接关系，这些发生关系的家具表面就称为家具的功能界面。出于使用的目的，人们一般对这些界面比较"介意"，这些界面也自然而然地成为了设计师和使用者共同关心的"焦点"。除了关心它是否合理外，还关心它是否美观。如台桌类家具的台桌面，座椅的靠背、扶手、座面等。

b. 家具的主要视觉部位和关键部位。家具的主要视觉部位一般是家具的正面。如柜体的正立面、床类家具的床头等。这些就是家具设计的重点。许多厂家将柜体的柜身部分作为"标准件"，而对柜门进行不同的设计来拓展产品种类，如图 3-87 所示。当家具以不同的方式摆放时，家具的正立面可以是不定的。如办公桌靠墙放置和不靠墙放置时，它的正立面会发生变化。

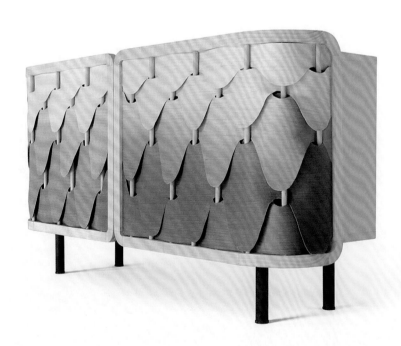

图 3-87 柜身不变而只改变柜门造型

图 3-88 家具的关键部位

（a）对比

（c）局部夸张

（b）重点装饰

图 3-89 家具重点部位的处理方法

　　家具的关键部位通常是指家具形体的关键部位。如桌椅类家具的腿脚、柜体的"帽头"等部位。家具的关键部位可以是家具的关键功能部位、关键结构部位、关键装饰部位等，如图 3-88 所示。

　　② 重点部位与处理手法。

　　对于重点部位的处理可以采取多种不同的手法。

　　用对比的手法强调出重点部位的与众不同。形体的对比、色彩的对比、质感的对比、材料的对比等，如图 3-89（a）所示。重点部位进行重点装饰，如图 3-89（b）所示。重点部位的夸张处理，如体量的夸张、形体的夸张等，如图 3-89（c）所示。

（a）形状本身的稳定

（b）底部较大的形状

（c）重心较低

图 3-90 家具的稳定形态

③ 家具造型的通常化处理。

没有"一般"就没有"重点"，"重点"是在"一般"的基础上产生的。"重点"可以是刻意地被突出，也可以是在"平淡"中产生。

规整的立方体形态是柜类家具的通常形态，台、桌类家具台、桌面的矩形也是一种通常的形状。实木家具中零件方形或圆形的截面等都可以称为通常状态。家具表面装饰的通常化处理如常规涂饰、贴面等。

总之，家具的非功能部件、非视觉重点部位等都可以进行通常化处理。

（8）稳定与轻巧

稳定既是一种状态，也是一种感觉。设计学的稳定状态与物理学描述的稳定状态有所区别。设计中的稳定是指物体不会发生位移、倾覆、运动的一种固定的和合理的状态；关于稳定的感觉是指物体在视觉上处于一种稳定状态。物体是否稳定，主要取决于它的形状和它的重心的位置。稳定的形状是决定是否稳定的基础，例如底边在下的三角形是稳定的，而底边在上的三角形是不稳定的。重心的位置关系到物体受到一定大小的外力作用后是否倾覆。

稳定的感觉在设计中是一种共同的美感，它给人以安定、自然、和谐、力量之美。有形物体在人们视觉中的大小和重量感称为物体的体量。体量大的物体由于人们对它的静止惯性的理解，往往会认为比较稳定。反之，体量小的物体由于它的静止惯性很容易被克服，因此人们认为它比较轻巧。设计中我们常常会对体量进行调整，即赋予一些物体较大的体量感，使物体看起来稳定。而有时恰恰相反，故意减小物体的体量感，使其看起来轻巧。

处理稳定与轻巧的关系与处理统一与变化的关系相似。一味地强调稳定势必造成格局的沉闷和形态的单调。一味地强调轻巧势必造成格局的动荡、漂浮不定和形态过分地跳跃、不确定。因此，在稳定中有轻巧、轻巧中有稳定是设计的基本原则。稳定中的轻巧既能衬托出稳定的特征，又能活跃气氛；轻巧中的稳定既能衬托出轻巧的特征，又能"稳定局面"。

① 家具形态的科学稳定性。

稳定是一种物理状态。设计关于物理学的稳定是科学稳定性。家具设计中衡量家具的科学稳定性包括两层意义：家具在自然存在状态下的稳定和使用过程中的稳定。家具自然状态下的稳定是指在家具本身重力的作用下家具处于稳定状态的情形。一般具有下列几种特征：

a. 稳定的形状。如正三角形、正梯形、矩形等。这类形体可以保证物体的重心较低或保证物体的重心在形体范围内，从而保证了家具的稳定性，如图 3-90（a）所示。

b. 底部较大、上部较小的各种形状。此时其重力作用线在底部范围之内，家具发生倾覆的可能性不存在，如图 3-90（b）所示。

c. 底部较小，但重心位置较低，重力力矩不至于让物体发生倾覆，如图 3-90（c）所示。

家具使用状态下的稳定是指家具在被正常使用时，可能受到各种外力的作用，而仍然能保持正常使用状态的家具的稳定性。如柜体使用时，因为开启柜门要对柜体施加一个与柜体正面垂直的力，有可能使柜体向前倾覆；当临时要移动柜体时，通常的行为是对柜体的侧面施加一个推力，这个力有可能使柜体侧倾。当使用台桌类家具时，往往需要家具能支撑身体的一部分重量，如靠、坐在家具表面，这时家具是否仍能维持稳定状态。支撑类家具如沙发、椅子等本身就是用来支撑人体重量的，当人们使用它们时，可能会取各种不同的姿态，可能会有各种不同的使用情形，在这些情况下，家具是否仍能维持稳定状态。

保证家具在正常使用状态下仍然具有稳定性的方法就是设计时对家具的稳定性进行力学校核。

稳定性校核又分为静态稳定性校核和动态稳定性校核两种，它们分别根据不同的物理力学原理进行计算。方法是首先建立家具的静态或动态力学模型，其中包括对家具的自重、家具正常使用状态下的各种负荷和各种可能受到的外力的模拟或估算，对家具使用状态的模拟和假设；再利用静力学或动力学原理对家具的状态进行分析；最后判断家具在各种可能的使用状态下是否都能处于稳定状态。

家具的科学稳定性是一般家具所应具备的基本性能，因为它确保家具的正常使用，否则就认为是设计不合理。

一般说来，能达到科学稳定的家具在视觉上同样也是稳定的。

②家具形态的视觉稳定性。

家具形态的视觉稳定性是指"家具看上去就是稳定的"。这是人们对家具的一种基本要求。

家具形态的视觉稳定性是一个非常复杂的问题，它既有人的经验和习惯，也有人的心理作用。视觉上的稳定与家具的形式美密切相关。

按照实际使用的经验，底面积大、重心低的家具在视觉上较稳定。因此，在家具设计时将家具的脚设计成向外伸展或靠近家具外轮廓边缘，底部尺寸设计得较大、上部尺寸设计得较小，将自重较大的部件和形体放在家具的下部，将自重较轻的部件和形体放在上部，都可以使家具获得稳定的视觉感，如图3-91所示。特定的形态构成可以塑造出家具的稳定感，如对称、均衡的构图，如图3-92所示。

家具中的水平线（如轮廓线、表面分割线、装饰线等）是一种具有稳定视觉的线条。当水平线成为家具的主要轮廓线或视觉特征线时，家具具有较好的视觉稳定性。

图3-91 家具形态的视觉稳定

图3-92 对称、均衡构图塑造出家具的稳定感

家具空间构成中，大体量特别是封闭的实体具有较好的稳定性，而虚体则相对显得不稳定。因此，以实体设计为主或实体在家具下部的设计具有较好的视觉稳定性，如图 3-93 所示。

深颜色给人在视觉上以重量感，能调节物体的视觉重心。整体深色、上浅下深的形体在视觉上有稳定的感觉，如图 3-94 所示。

③ 轻巧的家具形态设计。

所谓轻巧，是指有意地削弱物体的重量感，使物体具有比自身重量更轻的视觉感受。稳定与轻巧是一对矛盾。也就是说，在大多数时候，稳定与轻巧是相对存在的。

在家具造型中，稳定是绝对的，因为失去稳定性能的家具无论从审美的观点还是从使用的观点来看都是不允许和不合理的。因此，稳定是基础，只有在稳定基础上的轻巧才具有意义。但是，一味地强调稳定势必造成造型的单调和沉重。因此，在稳定中求得轻巧是造型设计的基本原则之一。

轻巧的家具形态设计就是在稳定视觉的基础上赋予家具以活泼的形式。可以从形态设计、虚实构成、比例调整、体量、部件大小设计、色彩设计等多个方面着手。

图 3-93 封闭形实体在家具下部有较好的视觉稳定性

图 3-94 深色具有稳定感

Q&A:

（a）轻巧的形态

（b）虚实变化

（c）比例调整

（d）体量设计

图 3-95 轻巧的家具形态

与稳定的形态相比照，轻巧的形态往往重心靠近物体的上部，底部的面积相对较小，整体形态呈现出动感、不对称等运动形态，如图 3-95（a）所示。

合适的虚实对比可以使家具形态更加轻巧。一般实体的体量感大，而虚体虽然占据着同样大小的空间，但其体量感小，从而使家具形体更加轻巧，

尤其是虚体较多和虚体在家具的下部时更是如此，如图 3-95（b）所示。

适当的比例可以塑造家具的轻巧感。如具有黄金比例的长方形、大比例的长方形与正方形相比，前者的轻巧感则显而易见，如图 3-95（c）所示。

一般而言，体量较大的形体较稳定，而体量较小的形体比较轻巧，如图 3-95（d）所示。

图 3-96 小的零部件尺寸可以使家具显得轻巧

图 3-97 合适的色彩可以使家具显得轻巧

　　"小巧"与轻巧往往相伴相生，因此小的零部件尺寸可以使家具更加轻巧。在家具设计中，使用端（截）面积较小的零部件尺寸来塑造家具的轻巧感是常用的手法。如用金属件替代木质构件可以使构件的截面积变小；对木质构件的端面进行特殊处理可以使截面积看起来更小，从而使家具显得轻巧，如图 3-96 所示。淡雅和轻快的色彩可以使家具形体显得更加轻巧，如图 3-97 所示。

（9）仿生与模拟

　　仿生与模拟是人类活动的基本形式之一。通过仿生与模拟的原理，人们制造出了飞机、潜水艇。飞机既模仿了鸟与鸟翅的形状，又仿照了鸟翅与鸟身存在一定的倾斜角度因而在飞行过程中具有提升力的原理；潜水艇既模仿了鱼类的流线形形体，又仿照了鱼类中得以使其沉浮的鱼鳔的原理。

仿生与模拟这一设计手法的共同之点在于模仿，仿生的思想是模仿某种自然物的合理存在的原理，用以改进产品的使用性能、结构性能，同时也丰富了产品的造型形象；模拟的思想主要是模仿某种事物的形象或暗示某种思想感情。

仿生与模拟也是家具设计的重要手法之一。借助生活中常见的某种形体、形象或仿照生物的某些原理、特征，进行创造性的构思，设计出神似某种形体或符合某种生物学原理的家具。

仿生与模拟的原理从另外一种角度给设计者以提示和启发，根据此原理设计出来的家具具有独特的生动形象和鲜明的个性特征。消费者在欣赏或使用根据仿生与模拟原理设计出来的家具产品时，容易产生对某种事物的联想，从而引发出一些特殊的情感与趣味。

① 仿生学在家具设计中的运用。

自然界的一切生命在漫长的进化过程中，逐渐具有了适应它们所处的生态环境的本领。这种特性为人类所揭示，人类开始研究这些特性并为人类所用，这种以模仿生物系统的原理来建造技术系统，或者使人造技术系统具有类似于生物系统特征的学科，就是仿生学。

仿生学是一门边缘学科，它是生物学和工程技术科学相互渗透、彼此结合的学科。从生物学的角度看，仿生学是应用生物学的分支，因为它把生物学的原理应用于工程技术。从工程技术的角度来看，仿生学为设计和建造新的技术设备提供了新原理、新方法和新途径。仿生学是生物学和工程技术相结合的产物。

仿生学在建筑、交通工具、机械制造等方面得到了广泛的应用。同样，仿生学在产品设计领域也越来越受到重视。

仿生设计一般是先从生物的现存形态受到启发，在原理方面进行深入研究，然后在理解的基础上再应用于产品某些部分的结构或形态设计。

模仿生物合理生存的原理与形式，不仅为家具设计师带来了新的设计思路，同时也带来了许多强度大、结构合理、省工省料、形式新颖、丰富多彩的家具产品。

壳体结构是生物界存在的一种典型结构。虽然这些生物壳体的壁都很薄，但能抵抗强大的外力作用。家具设计师利用这一原理，结合新型材料（如各种高强度塑料、玻璃钢等）和新型材料成型技术，制造出了形式新奇、工艺简单、成本低廉的壳体家具，如图 3-98 所示。

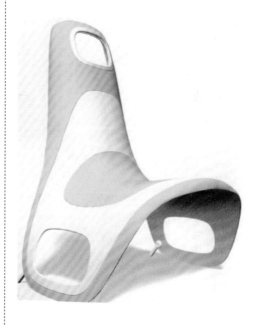

图 3-98 壳体结构的家具

Q&A:

图 3-99 "海星脚"

现代办公椅常用的"海星脚"是仿生学在家具设计中应用的典型例子。利用"海星脚"形的稳定性能设计出椅子的脚型，这样的椅子不仅可以旋转和任意方向移动自如，而且稳定性极好，人体重心转向任何一个方向都不至于使椅子倾覆，如图3-99 所示。

"蜂窝"结构被公认为是科学合理的结构。人们利用这一原理制造了"蜂窝纸"，用于板式家具的板式部件中。这种纸质蜂窝板件不仅使得家具的自重减小了近一半，而且具有足够的刚性和机械强度，用于板式家具中的厚型板件、门板，如图3-100 所示。

各种充气和充水家具近来受到消费者的青睐，尤其是充水家具，由于可以通过调节水的温度从而改变家具表面的温度，实现了人们追求的"冬暖夏凉"。这些充气和充水家具就是模仿生物机体的结果，如图 3-101 所示。

图 3-100 "蜂窝"结构

图 3-101 充气家具

仿照人体结构所设计出的"人体家具"是别具一格的家具类型。仿照人的脊椎骨结构，使支撑人体家具的靠背曲线与人体完全吻合。如图3-102所示，是仿照人体的形态或人体的躯干、四肢等设计出的家具，具有人体艺术的特点。

人体工程学在家具设计中的运用可以认为是仿生学在家具设计中运用的特殊例子。人体工程学在家具设计中的运用已越来越受到人们的重视。这在前面的章节中已经讲述。

② 模拟的设计手法。

模拟是指较为直接地模仿自然现象或通过具象的事物形象来寄寓、暗示、折射某种思想感情。这种情感的形成需要通过联想这一心理过程来获得由一种事物到另一事物的思维的推移与呼应。利用模拟的手法具有再现自然的意义，具有这种特征的家具造型，往往会引起人们美好的回忆与联想，丰富家具的艺术特色与思想寓意。

家具设计中模拟的设计手法主要体现在下列几个方面：

a. 在整体造型上进行模拟。对各种自然形态、人造形态直接进行模仿来塑造家具形态。可以是具象的模仿，也可以是抽象的模仿。

对人体的特别推崇一直以来都是艺术创作的基本思想之一，因此模仿人体形态是各种艺术创作的手法之一，在家具设计中也是如此。模仿人体形态、人体各部分（如头部、肢体等）形态的家具设计自古有之。早在公元1世纪的古罗马家具中就出现过，在文艺复兴时期得到了充分的表现。如图3-103、图3-104所示。

图 3-102 人体家具

图 3-103 模仿人体形态的家具设计

图 3-104 模仿人体各部分形态的家具设计

图 3-105 模仿自然形态的家具设计

图 3-106 模仿建筑、雕塑形态的家具设计

各种自然形态具有典型的自然美，因此它们是各种艺术形式的基本题材。家具设计中也常常用到这种手法，如图3-105所示。对其他艺术形态进行模仿。如建筑、雕塑等作品都具有与家具相同的空间特征，它们常常成为模仿的对象，如图3-106所示。

b. 局部构件的模拟。在进行某些部件设计时，模仿其他的形态类型。这些部件往往是家具的功能性部件、主要部件、视觉中心部件等。如桌椅类家具的腿、床的床头板、柜类家具的望板、框架类家具的柱。模拟的对象可以是各种自然形态如人体、动物、植物等，也可以是其他的人造形态，如图3-107所示。

c. 结合家具的功能部件进行图案的描绘与形体的简单加工。在儿童家具中这种手法经常用到。如将各种动物图案描绘在板件上，然后对板件的外形进行简单的裁切加工，使之与板表面的图形相吻合，再组装成产品，如图3-108所示。

附于家具表面的图案与文字有时能为家具带来丰富的联想，如图3-109所示。

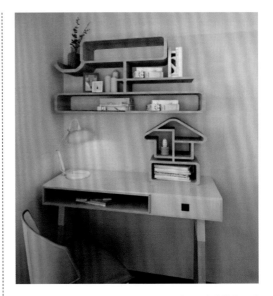

图 3-107 家具局部的模仿设计

图 3-108 将动物图案直接用于家具装饰

图 3-109 将图案与文字直接用于家具装饰

图 3-110 由材料本身的色彩成就的家具色彩

3.2 家具色彩形态设计

色彩是形态的基本要素之一。

色彩作为家具形态中的一种，与功能、造型、装饰、结构、材料等其他形态类型共同塑造家具的独特魅力。色彩形态和造型形态更是能在第一瞬间捕捉人们的视线，吸引人们的注意。

家具造型设计十分注重色彩的选用与搭配。一件家具产品，能在第一时间以其静静绽放的美来激起观者内心的澎湃，很难说清楚是源自家具"身体"上的"着色"、外形样式、亮点的装饰手法三者中的某一个，还是它们综合的结果。从这个意义上说，同属于家具形态设计中"外貌式样"部分的"三剑客"——造型、色彩、装饰，它们在整体形态中各自所具有的价值是相当的。也就是说，色彩也可以在家具形态中单独充当吸引人视线的主角。

3.2.1 家具产品的色彩构成

家具色彩形态的构成大致有下列三种方式：

① 可塑性小的原材质固有色。

家具的色彩毕竟是依附于材质上来展示的。这类色彩出自 "人为可变化性"相对较小的材质，如木材、金属、玻璃等材料的固有色。其自身天然成色，无需人工雕琢；色泽均润丰富，纹理千变万化，色调不温不火，给人稳固、安全的视觉感受。如不静不喧，纹理生动的黄花梨；静穆沉古，分量坚实的紫檀，都使木质家具天生具有了一种沉稳儒雅的气质。此类型的色彩多用于人眼视线较低的范围，保证家具给人整体的视觉平衡性。容易与一般的室内环境、氛围融合，使人心灵沉静松弛。有一定社会阅历，性格比较稳重、温顺，看重生活质量的人群多偏爱这种带给人"平淡如水，意味绵延"色彩语言的经看耐用型家具，如图 3-110 所示。

② 可塑性大的原材质固有色。

这类色彩多出自织物、皮革、塑料等在材料生产过程中染色、调色处理较为容易的材质。色彩饱和度较高，色调多为暖色，少数冷色，色彩浓烈特别。在家具设计中多用于视觉较向上部位，增加视觉跳跃性；色彩用法随意、大胆，如图 3-111 所示。此类型色彩多用于装饰性强的单件家具设计上，能起到点缀室内空间、活跃居室色调的"画龙点睛"的作用。此类多为时尚性、艺术性强的异型装饰型色彩家具，很受年轻、热爱艺术、乐于享受生活的人群喜欢。"精彩生活，我 show 我的"就是它追崇的色彩语言。

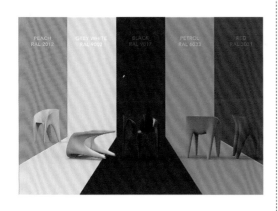

图 3-111 色彩变异性大的材料更容易塑造家具的色彩

③ 覆盖色（即附加色）。

与材料的固有色相区别，经表面加工处理，将色彩添加在材质表面而形成的色彩。处理手法多为表面贴木皮、贴木纹纸、饰有色油漆等。色彩的任意性受限于一些实际情况（如人工作业的精准程度、特殊的使用环境对色彩的约束等）而相对小于"可塑性小的材质固有色"，但略大于"可塑性大的材质固有色"。色调兼有前两者，既非"热情异常"也不"冷酷到底"，相对较为"中庸"，如图 3-112 所示。此类型多为"普通实用"型家具，持家有道、讲究实干、不太苛求生活享受的人群尤其欣赏这种"自得其乐，知足常乐"的生活方式。

好的设计讲究整体性，人的视觉也苛求设计的整体性。在人的视觉中，色彩和造型这两个形态元素很难被"剥离"。当人们赞叹一件家具造型好的时候，也许正是色彩的"衬托"完善了造型的"表现"；当人们评价一件家具色彩美的时候，也许正是造型的"穿插"突显了色彩的"演技"。

色彩形态能丰满家具整体形象。人眼总是对已经显现出来的事物的颜色、形状很敏感；容易由所看到的而产生丰富的内在联想。色彩、外形作为家具的外貌样式方面为"外"，功能、质量、技术、细节为"内"；只有在第一时间抓住人的眼球，使人产生想继续了解的兴趣后，家具的结构特征、使用功能、技术特征才能够被体验出来；色彩和造型共同演绎的视觉效果"包容"了功能的"冷漠"，使家具整体变得"有血有肉"，如图 3-113 所示。

图 3-112 覆盖色在家具中的运用

图 3-113 色彩与外形共塑家具形象

图 3-114 色彩与视觉感受

色彩形态能细化家具使用功能。运用色彩的互补、对比或渐变手法，可以达到"视觉忽略"的效果，即一种合乎设计目的的"视错觉"；也可以用这些色彩变化技法与造型细节点、功能延伸处结合，来突出家具使用功能的识别，达到方便人一目了然其使用的目的。这一设计特色适用于多功能的组合家具，如贮存类家具。这类家具多以扩大家具单体容积率，提高功能利用率，从而达到增加居室视觉空间感的作用，如图 3-114 所示。造型上涵盖的具体功能，用色彩的区分加以"标识"，使消费者可充分使用到组合式家具的任一种功能，这不仅杜绝了"资源浪费"，更重要的是设计做到了"为人所想，为人所用"的"以人为本"的境界。不存在多功能型组合特点的家具，不提倡都使用这种将细节"色彩化"的设计手法，以免家具色彩过于凌乱，破坏整体性。

家具色彩传达家具意蕴内涵。对于有些侧重点不在突出功能，而是突出其艺术收藏价值的家具，色彩和外形塑造的"亲密无间"可以帮助家具传神地体现设计师的设计意图和家具的艺术收藏价值。

单件或成组的装饰性强、趣味性浓、艺术性高的家具会大胆借助色彩和造型来烘托家具的美感，正是这种千变万化的特色家具满足了人们的视觉渴望。

家具色彩设计与家具所在的色环境相得益彰。仅仅将家具的色彩作为家具个体的一种形态元素存在来进行分析和研究是远远不够的，家具只有摆放在一定的环境里才能被赋予高于自身的新的价值。即使是同一件家具摆放在不同的环境中也会展示出不同的视觉感受。环境依附物质而相对存在，家具也不可能孤立于环境，将家具的色彩效应与环境相调和，使其整合于统一的"场"。从某种意义上说，环境"包容"了家具，家具"丰富"了环境。家具所呈现的色彩形态与环境的色调能够相得益彰，是家具色彩设计的最高境界，也是家具视觉价值最大化的体现。家具与环境之间要达到和谐一体、同谱一色的视觉效果，其最基本的原则就是"确定视觉重点"；将"家具"与"环境"这两个元素都确定为视觉重点或确定得不明确都不会达到好的整体视觉感受。一是以家具为视觉重点，即"环境配合家具主题"，创造符合家具主题的环境来烘托"家具"

这个视觉中心点。此类型多为家具展厅、家具卖场等以突出"家具"个体价值为目的的空间；环境的构筑建议使用大面积色彩明度相对弱的冷、暖色调统一大体，再利用照明、局部材质纹理变化、陈设品点缀等"动静结合"的方式，使展示的环境既不喧宾夺主，又能满足商业展示特殊性的要求，如图3-115所示。二是以环境为视觉重点，即"家具配合主题环境"，用家具的补充来满足整体环境塑造的要求。此类型空间多为家居室内、餐饮娱乐等有具体主题的环境；家具在主题环境存在后被选择用来填补一些使用功能、装饰功能上的空缺。大多数为色彩造型内敛、质量好、有细节变化的成套家具；少数用来活跃空间气氛的色彩造型夸张、装饰性强、艺术价值高的单件家具。以家具服务于环境，使环境与家具之间更为"默契"的创造视觉美感，这也许就是家具色彩设计的魅力所在。

图 3-115 家具色彩与室内空间色彩的搭配

3.2.2 家具造型设计中的配色原理

家具配色是家具造型设计的重要内容。

（1）配色的一般规律

① 不同的色调具有不同的心理感受。

明调——亲切、明快，灰调——含蓄、柔和，黄调——柔和、明快，

暗调——朴素、庄重，彩调——鲜艳、热烈，蓝调——凉爽、清静，

冷调——清凉、沉静，红调——热烈、兴奋，橙调——温暖、兴奋，

暖调——热情、温暖，绿调——舒适、安全，紫调——娇艳、华丽。

② 与色相有关的不同配色，具有不同的心理感受。

色相数少——素雅、冷清，　　色相对比强——活泼、鲜明，

色相数多——热烈、繁杂，　　色相对比弱——稳健、单调。

③ 与明度有关的不同配色具有不同的心理感受。

长调（明度差距大的强对比）——坚定、清晰。

短调（明度差距小的弱对比）——朴素、稳定。

高调（以高明度为主的配色）——明亮、轻快。

低调（以低明度为主的配色）——安定、庄重。

④ 与纯度有关的不同配色具有不同的配色效果。

高纯度——鲜艳夺目，高纯度的暖色相配——运动感。

低纯度——朴素大方，中等纯度的配色——柔美感。

纯度高、明度低的配色——沉重、稳定、坚固感，称为硬配色。

纯度低、明度高的配色——柔和、含混感，称为软配色。

⑤ 与色域有关的不同配色具有不同的配色效果。

面积相近的配色——调和效果差。

面积相差大的配色——调和效果好。

不同明度色彩配置——明度高的在上有稳定感；明度高的在下有运动感。

⑥ 不同色相相配，具有各种不同的配色效果。

黑、红、白色相配具有永恒的美。黑、红、黄色相配具有积极、明朗、爽快的感觉。白色与黑色相配具有沉静、肃穆之感。高明度的暖色相配具有壮丽感。白色配高纯度红色，显得朝气蓬勃。白色与深绿色相配，能产生理智之感。白色与高纯度冷色相配，具有清晰感。

总之，要设计好一组色彩，除了要掌握必要的配色基本理论外，还必须通过长期的、刻苦的训练和实践。

图 3-116 不同的家具整体色调

（2）**家具色彩设计**

① 配色的基本原则。

家具的色彩设计，不同于绘画作品和视觉传达设计，它受工艺、材质、家具物质功能、色彩功能、环境、人体工程学等因素的制约。配色的目的是为了追求丰富的光彩效果，表达创作者的情感，感染观众。家具的色彩设计，作为家具造型设计的内容之一，应该体现出科学技术与艺术的结合、技术与创新的审美观念的结合，体现出家具与人的协调关系。

② 家具整体色调。

整体色调指从配色整体所得到的感觉，由一组色彩中面积占绝对优势的色来决定。整体色调因为受画面中占大面积的色调所支配，所以可以通过有意识地配色，使之呈现出一个统一的整体色调，以提高表现效果。色调的种类很多，按色性分有冷调、暖调；按色相分有红调、绿调、蓝调……；按明度分有高调、中调、低调等。集中用暖色系的色相具有温暖感，而集中用冷色系的色相则具有寒冷感；以暖色或彩度高的色为主能产生视觉刺激；以冷色或纯度低的色为主色彩感觉平静；以高明度的色为中心的配色轻快、明亮；而以低明度的色为中心的配色沉重、幽暗。如图 3-116 所示。

③ 按家具的物质功能进行配色。

家具的色调设计首先必须考虑与家具物质功能要求的统一，让使用者和欣赏者加深对家具的物质功能的理解，有利于家具物质功能的进一步发挥。

如儿童家具鲜艳的色调，老年家具沉着的色调，办公室明亮的色调，医院家具的乳白色、淡灰色基调，休闲家具的自然色调，卧室家具淡雅的色调，等等，如图 3-117 所示。

图 3-117 具有年龄特征的家具色调

图 3-118 办公家具的色彩设计

④ 人机协调的要求。

不同色调使人产生不同的心理感受。适当的色调设计，能使使用者产生舒适、轻快、振作的感受，从而形成有利于工作的情绪；不适当的色调设计，可能会使使用者产生疑惑不解、沉闷、萎靡不振的感觉而不利于工作、学习、生活。因此，色调设计如能充分体现出人机间的协调关系，就能提高使用时的工作效率、生活中的舒适感，减少差错事故和疲劳，并有益于使用者的身心健康。如图 3-118 所示。

⑤ 色彩的时代感要求——流行色。

不同的时代，人们对某一色彩带有倾向性的喜爱，这一色彩就成为该时代的流行色。家具的色调设计如果考虑到流行色的因素，就能满足人们追求"新"的心理需求，也符合当时人们普遍的色彩审美观念。

与服装服饰一样，家具的流行色趋势也非常明显，如我们经常所形容的"白色旋风""黑色风暴""奶油加咖啡"等等，就代表着我国某一个时期家具的流行色，如图 3-119 所示。

⑥ 不同国家与地区对色彩的好恶。

由于种种原因，不同国家与地区的人们对色彩有着不同的好恶情绪。色调设计迎合了人们的喜好情绪，就会受到热烈的欢迎；反之，产品在市场上就会遭到冷遇。

某些色彩带有一定的宗教意义或者特定的意义，我们必须详细地了解各种色彩在不同地域、国家、民族里所表示的各种含义。

图 3-119 不同企业生产的松木家具

（3）家具的配色

配色时应从色的强弱、轻重等感觉要素出发，同时考虑色彩的面积和位置以取得产品的整体平衡。

① 色彩强弱与平衡的关系。

暖色和纯色比冷色和淡色面积小时，可以取得强度的平衡，在明度相似的场合尤其如此。因此，像红和绿这种明度近似的纯色组合，因过于强烈反而不调和，可以通过缩小一方的面积或改变其纯度或明度加以调和，如图3-120所示。

② 色彩轻重对比与平衡的关系。

在家具色彩设计中，把明亮的色放在上面，暗色放在下面则显得稳定；反之则具有动感，如图3-121所示。

③ 色彩面积对比与平衡的关系。

在进行包括家具在内的大面积的色彩设计和与环境相关的家具色彩设计时（如与建筑、墙壁、屏风、其他陈设等），除少数设计要追求远效果以吸引人的视线外，大多数应选择明度高纯度低、色相对比小的配色，以使人感觉明快、舒适、和谐、安详，以保证使用者良好的精神状态，如图3-122所示。

图 3-120 家具中的色彩强弱与平衡

图 3-121 家具中的色彩轻重与平衡

图 3-122 家具中的色彩面积对比与平衡

图 3-123 家具中中等面积、中等程度的色彩对比

图 3-124 家具饰品对家具与环境的影响

对单体家具的色彩设计属于中等面积的色彩设计，应选择中等程度的对比，这样既保证了色彩设计所产生的趣味，又能使这种趣味持久，如图3-123所示。

对家具局部的色彩进行设计，属于小面积色彩设计，应依具体情况而定。若为图案，则宜采用强对比以使形象清晰、有力、注目性高，并能有效地传达内容；若是装饰色，则宜采用弱对比以体现产品整体的文雅、高贵。

家具饰品的选配，可适当选择纯度高、对比强的配色，突出产品的形象，增添环境生气，如图3-124所示。

家具配色是家具造型设计的基本内容之一，比较通用的方法就是在产品设计图上标示出色样或实物（油漆样板、表面材料样板、织物小样等），以便于生产和销售过程中的核对，如图3-125所示。

图 3-125 家具设计的配色

（4）家具配色的层次感

各种色彩具有不同的层次感，这是由人们的视觉透视和习惯造成的。因此在家具色彩设计时，可利用色彩的层次感特性来增强家具的立体感。

一般来说，纯度高的色，由于注目性高，具有前进感；纯度低的色，注目性差，有后退感。明度高的色，有扩张感；而明度低的色，有收缩感。因此前者具有前进感，后者具有后退感。同样，面积大的色，有前进感；面积小的色，有后退感。形态集中的色，有前进感；形态分散的色，有后退感。位置中下的色，有前进感；位置在边角的色，有后退感。强对比色，有前进感；弱对比色，有后退感。

暖色与其他色对比，具有前进感，并且以红色最明显；冷色与其他色对比，有后退感，其中以蓝色最明显。

（5）家具配色的节奏

几种色彩并置时，色相、明度、彩度等作渐进的变化（在色立体中按某一直线或曲线配色），或者通过色相、明度等几个要素的重复，可以给人以节奏感。

（6）几种常用配色的基本技法

① 支配色。

通过一个主色调来支配家具的整个配色，从而使配色产生统一感的技法。类似用滤色镜拍摄彩色照片的效果，如图 3-126 所示。

② 渐变。

色彩三要素中的一个或两个作渐进的变化，表现出的独特的美感，如图 3-127 所示。

③ 分隔。

对色相、明度和纯度非常类似、区别较弱的色彩；或者相反，色彩的色相、明度和纯度对比较强时，可在对比色之间用另一种色彩的细带使之隔离，这种方法特别适用于大面积用色。如高纯度的红和绿色相配时，若在中间加一条无彩色的细带，就会使其沉静下来。常用的细色带可以是白、灰、黑色等无彩色或金色、银色，如图 3-128 所示。

图 3-126 不同支配色的家具效果

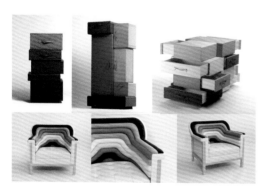

图 3-127 家具的色彩渐变

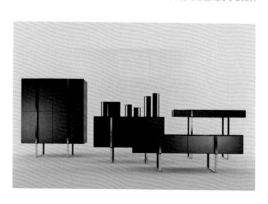

图 3-128 家具中的色彩分隔

3.3 家具装饰形态设计

家具的装饰形态是指由于家具的装饰处理而使家具具备的形态特征。

3.3.1 家具产品的装饰手段

家具产品的装饰手段数不胜数。有的装饰与功能件的生产同时进行,有的则附加于功能件的表面。根据加工方式和所用材料的不同,家具装饰手段主要可以分为以下几种。

(1)功能性装饰

采用功能性装饰手段,能在增添家具美感的同时,具有提高家具表面的保护性能等功能。功能性装饰主要分为:涂料装饰和贴面装饰,如图3-129所示。

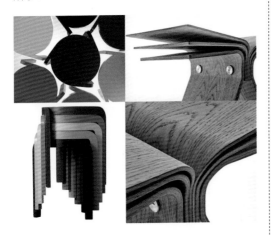

图 3-129 涂料装饰与贴面装饰

涂料装饰是将涂料涂于家具表面,形成一层坚韧的保护膜的装饰手段。经涂饰处理后的家具,不但易于保持家具表面的清洁,而且能使木材表面纤维与空气隔绝,免受日光、水分和化学物质的直接侵蚀,防止家具变色和木材因吸湿而产生的变形、开裂、腐朽等,从而提高家具的使用寿命。根据所用涂料的不同,涂料装饰主要可分为透明涂料装饰和不透明涂料装饰。

贴面装饰是将某种饰面材料贴于家具表面,从而达到美化家具的作用。根据饰面材料的不同,可以将贴面装饰分为薄木贴面装饰、印刷装饰纸贴面装饰、合成树脂浸渍纸贴面装饰等。薄木贴面装饰是指将名贵木材加工成薄木再贴于家具基材表面,这种方法可以使普通木材制造的家具具有珍贵木材的美丽纹理与色泽。印刷装饰纸贴面装饰是指将印有木纹或其他图案的装饰纸贴于家具基材表面,然后用树脂涂料进行涂饰,使家具具有一定的耐磨性、耐热性等。合成树脂浸渍纸贴面装饰是指将树脂浸渍过的木纹纸贴于家具基材表面,其纹理、色泽具有广泛的选择性。

(2)艺术性装饰

艺术性装饰是一种运用艺术性的技艺来美化家具的装饰手段。由于制作工艺的不同,艺术性装饰可以分为:雕刻装饰、模塑件装饰、镶嵌装饰、烙花装饰、绘画装饰、镀金装饰等,如图3-130所示。

图 3-130 艺术性装饰

雕刻装饰是一种古老的装饰技艺。早在商、周时期，我国的木雕工艺就达到了较高水平。根据雕刻方法的不同，家具的雕刻装饰可以分为线雕平雕、浮雕、圆雕、透雕等。

模塑件装饰是指用可塑性材料经过模塑加工得到具有装饰性的零部件的装饰手段。应用聚乙烯、聚氯乙烯等材料进行模压或浇铸等成型工艺，既可以生产成附着于家具表面的装饰件，也可以将装饰件与家具部件一次成型。

镶嵌装饰是指将不同颜色的木块、木条、兽骨、金属、象牙、玉石等，组成平滑的花草、山水、树木、人物等各种题材的图案花纹，然后再嵌粘到已经铣刻好花纹槽的家具部件的表面上。

烙花装饰是指用加热的烙铁在木材表面进行烙绘图案花纹的装饰手段。由于烙铁对木材加热温度的不同，在木材表面可以产生层次丰富的棕色烙印。而烙花就是利用这种浓淡、虚实的烙印来作画，以获得自然、独特的装饰画。

绘画装饰就是用油性颜料在家具表面徒手绘制，或采用磨漆画工艺对家具表面进行装饰的方法。

镀金装饰是指将木材表面金属化，也就是在家具装饰表面覆盖一层薄金属。最常见的是覆盖金、银和青铜。

（3）五金件装饰

五金件装饰是家具装饰的重要内容。造型优美、形式多样的五金件，能给家具以"画龙点睛"的装饰效果。常见的五金件装饰有拉手、脚轮、铰链、泡钉等，如图 3-131 所示。

（4）其他装饰

除了以上装饰手段以外，还有织物装饰、灯具装饰等，如图 3-132 所示。

图 3-131 五金件装饰

图 3-132 织物装饰和灯具装饰

3.3.2 家具产品的装饰形态及其意义

前面已经说过家具可以是一种艺术形式，装饰是不可或缺的因素，即便是一件普通的产品，装饰也是必不可少的。

各种装饰形态在家具设计中的应用也是由来已久，早在古埃及时期，几何化的装饰元素普遍地应用于各类家具的界面中，并形成一种夸张、单纯、生动、秩序的艺术风格。

家具的装饰形态强化了家具形式的视觉特征，赋予了家具的文化内涵，折射了设计的人文背景，使家具整体形态在室内环境中发挥装饰的作用，并增添了家具单体的装饰内容及观赏价值，如图3-133所示。

图 3-133 装饰增加了家具的艺术特征

家具装饰的方法很多，总的说来有表面装饰和工艺装饰两种。所谓表面装饰是指将一些装饰性强的材料或部件直接贴附在家具形态表面，从而改变家具的形态特征。如木质家具表面的涂饰装饰、家具局部安装的装饰件等都属于这一种。所谓工艺装饰是指通过一定的加工工艺手段赋予家具表面、家具部件一些装饰特征。如板式家具人造板表面用木皮拼花装饰，在家具部件上进行雕刻处理，使其具有一定的图案，在家具部件上

进行镶嵌处理，将一些装饰性好的材料或装饰件与家具部件融为一体。

家具装饰可以改变家具的整体形态特征。例如：中国传统家具中的明式家具和清式家具，它们在整体形状特征上区别不大，但后者往往加以奢华的装饰，两者便呈现出不同的形式和艺术风格。

家具装饰部位的形态特征也可以是以局部形态特征反映出来。家具外形上有无装饰元素，其整体形态特征已经有所区别，这是家具装饰形态对整体特征的影响，同时这些装饰元素可能会以确定的形式如图案、色彩、形状等反映出来，它们本身就是一种独立于家具之外的确定的形态。如雕刻装饰，除了改变家具整体形象外，其雕刻的图案、雕刻工艺本身就是特定的形态，如图3-134所示。

家具是否需要装饰，这就是一个非常复杂的问题了。围绕装饰这个话题，在设计艺术领域已经有了很长时间的争论。"少即是多"是一种基本的观点，主张不必要的装饰，没有装饰本身就是装饰。"重视装饰"是一种与之对立的观点，主张用装饰来体现设计的意义与内涵，除了注重装饰的形式外，还注意装饰的技巧与技艺。"将装饰与功能等实质意义结合在一起"是一种大多数人普遍接受的观点，反对虚假和无意义的装饰，反对为了装饰而进行的装饰，主张装饰的理性与实质意义。

图 3-134 雕刻装饰本身也具有特定的形态特征

4

家具技术设计

家具材料的选择与设计
家具结构设计
家具生产工艺与家具设计

Furniture Design

从设计的意义上说，家具产品是一种融艺术、技术于一体的综合体。任何设计，只有能将其设计思想转化为现实时，设计才具有意义。

家具设计的目的是要保证设计出来的家具好看、好用，能够被生产出来并能得到大多数人的认可。

如果说家具造型设计是解决家具既好看又好用的问题，那么家具技术设计就是解决被设计的家具能够生产得出来的问题。

家具技术设计是解决关于家具生产制造活动中与技术有关的问题的设计。其主要内容包括材料的选择、结构设计、强度与稳定性校核、生产工艺技术的计划等。

家具技术设计是家具设计工作的重要组成部分。家具设计计划往往包括造型计划和技术计划两个主要部分，两者相互影响。造型计划过程就必须考虑技术计划实现的可能性，当技术计划的实现遇到问题时，可能要随时修改造型计划。

家具技术设计和造型设计一样，同样可以成为家具概念设计的出发点。为了反映一种思想，表现一种设计风格和流派，我们更多的是从形态设计入手，塑造出具有感染力的家具形态，这是大多数家具设计师常用的思维模式。实际上，对于家具技术的构想同样可以是家具设计的思维源。对一种材料的青睐、对一种结构形式的联想、对一种技术的运用，同样可以成为家具设计的出发点和创作源。

4.1 家具材料的选择与设计

对于所有设计而言，材料的作用都是不言而喻的。材料本身所具有的物质属性和精神属性融入到设计中，成为设计的重要内容。材料的物质属性包括基本材料性能（物理力学性能、强度性能、化学性能、加工性能等）、材料的功能性能、使用性能、市场性能（如价格、价值等）等。材料的精神属性包括由材料的基本性能所引发的各种审美效应。如材料的质感、色彩所产生的艺术美，材料的稀有所产生的关于材料的价值感，与材料有关的社会属性如绿色生态性能等。对材料的选择本身就是一种类型的设计。

4.1.1 家具材料的选择

设计师对材料的选择依赖于设计师的经验以及设计师的个性，即设计师对于材料的认识程度。将一种材料用得恰到好处甚至用到极致，这依赖于设计师驾驭材料的设计能力。

同样的材料在不同设计师的眼中是不一样的。通过材料而寄予情感，对材料不同的使用手段和方法的挖掘等这些都因人而异。因此，对材料的运用技巧在相当程度上反映了设计师的设计水平。设计师只有对某种材料进行潜心研究，才能发掘材料的一些不为人知、不为人用的属性和用途，也才能形成自己设计作品的别具一格。与其说这些设计师是关于产品的设计师，还不如说他们是关于材料的设计师。

所以，有人说，材料是设计的灵魂，设计师的设计能力在很大程度上决定于他（她）对于材料的运用能力。

家具设计的最终结果是一种物质实体。家具需要用看得见、摸得着的材料打造出来。对于材料的重视是每个家具设计师必须具有的态度。

我们也可以列举许多设计师以使用材料为切入点，从而成就优秀设计的例子。如芬兰设计大师库卡波罗利用玻璃钢材料的良好造型性能，设计出了被誉为世界上最舒适的椅子。胶合板材料被用于家具制造，成为世界现代家具历史的开端。

家具材料选择是家具设计的重要组成部分。家具材料选择必须符合家具设计的总体原则。对于某一项具体的设计工作而言，对材料的选择要符合此项设计的总体思想、创意，在维护基本设计思想的前提下进行合适的选择。

家具材料选择的基本原则如下：

① 符合设计工作的整体思路。

② 充分发挥材料的各种性能，包括材料的基本属性和材料的个性。

③ 充分考虑材料的资源条件。

④ 考虑材料利用的现实技术条件。

⑤ 考虑材料的成本等市场因素。

4.1.2 主要家具用材

能用于家具制造的材料很多，可以说所有的材料都能被用于家具设计和制造。

常见的家具材料类型主要包括木材和木质材料、金属材料、塑料、皮革和织物、玻璃、石材等。

（1）木材与木质材料

传统家具的主要材料是木材。木材优良的加工性能使得能工巧匠们对木材极尽能事，也创造出了不同的传统家具艺术风格（图4-1）。

现代家具中，木材和木质材料仍然是家具材料的首选，除了人们对木材的传统使用习惯以及由此而产生的情感外，木材本身的性能起到了决定性的作用。

不同木材材种的材色不同。木材的颜色可以用颜色的三属性即明度、色相、纯度来表示。木材通常由多种颜色组分形成表面材色。一般木材的材色是指心材的颜色。木材的细胞壁和细胞腔内，可含不同颜色的有机物质，如单宁、树脂、色素、树胶、油脂等，而使不同树种心材显现出特征性的材色。材色常因各种因素而有变化。如木材暴露于空气中的表面氧化、气候因子的风化和真菌侵蚀的变质等。这些都会导致木材原色变浅或加深，甚至截然不同。白色木材如鱼鳞云杉、红皮云杉、冷杉、杨木、娑罗双木、白柳桉、白桦、椴木和日本扁柏的边材。红色是一种富有激情的颜色，如日本柳杉、日本扁柏的心材、红桦、紫檀类红木、香椿、红豆杉、桃花心木等都呈红色或红褐色。光叶榉、柚木、

图4-1 木材和木质材料家具

黄杨木等呈黄色或橙色。乌木、印度乌木显黑色。

木材纹理是指组成木材的纵向细胞排列的情况，有直纹理、斜纹理之别，而斜纹理中又有交错、波状或扭曲纹理之分。木材花纹则是指木材的结构、纹理等在木材纵切面上所表现的图案。不同切面或切割方式产生不同的花纹，弦切面、径切面、横切面上，即使是同种木材，显现出来的木材花纹也各不相同。水曲柳、榉属、榆属、马尾松等，由于早材和晚材致密程度不同，木材板面出现抛物线或倒"V"字形花纹。杨、柳等属的木材，其弦切面通常不呈现特殊花纹或花纹不明显，径向常表现为平行条纹或花纹。

人们常用手接触材料的某些部位，它们给人以某种感觉，包括冷暖感、粗滑感、软硬感、干湿感、轻重感等。这些感觉特性发生在木材表面，反映木材表面非常重要的物理性质。木材的触觉特性与木材的组织构造，特别是与表面组织构造的表现方式密切相关。因此，不同树种的木材，其触觉特性也不相同。

木材表面具有一定的硬度，其值因树种而异。通常多数针叶材的硬度小于阔叶材，前者国外称为软材，后者称为硬材。

木材外观有时出现一些缺陷，如节子、开裂、虫蛀孔等。这些缺陷有时成为一种障碍，有时也是一种设计元素。如通过处理木材的开裂，使得木材表面纹理图案更富戏剧性，通过木材节子丰富木材的表面效果。

木材密度，又称容重，以单位体积的质量表示，单位为 g/cm³ 或 kg/m³。木材密度除极少数树种外，通常小于 1g/cm³。

木材具有多孔性，空隙中充满空气，各空隙虽不完全独立，但空气也不能在空隙间进行自由对流，此外自由电子少也不能形成流畅的热传递。因此，木材是热的不良导体。

绝干木材的电阻率为 $10^{14} \sim 101^{16}\Omega \cdot m$，为绝缘体。随着含水率的升高，木材的电阻率急

剧下降；当含水率到达纤维饱和点时，电阻率为 $10^3 \sim 10^4\Omega \cdot m$；室温下饱湿的木材的电阻率仅为 $10^2 \sim 10^3\Omega \cdot m$，已属于半绝缘体范围。

木材的声学性质包括木材的振动特性、传声特性、空间声学性质（吸收、反射、透射）等与声波有关的固体材料特性。木材和其他具有弹性的材料一样，在冲击性或周期性外力作用下，能够产生声波或进行声波传播振动。振动的木材及其制品所辐射出的声能，按其基本频率的高低产生不同的音调；按其振幅的大小产生不同的响度；按其共振频谱特性，即谐音（泛音）的多寡及各谐音的相对强度产生不同的音色。

木材抵抗外部机械力作用的能力称为木材的力学性质。

强度是抵抗外部机械力破坏的能力。木材的强度根据方向和断面的不同而异，包括抗压强度、抗拉强度、抗剪强度、抗弯强度等。压缩、拉伸、弯曲和冲击韧性等，均与应力方向和纤维方向为平行时，其强度值最大，随两者倾角变大，强度锐减。

比强度是材料的强度与密度之比。比强度是材料的力学性能与物理性能结合的一个综合性指标。木材的力学强度较低，但其密度比其他结构材料也小，所以比强度仍然是很高的，往往超过钢铁、铝合金等金属材料。同一强度的不同材料，密度愈小，比强度越大。木质材料中硬木的密度比钢材小8倍；软木比钢材小15倍左右。

木材硬度与木材加工、利用有密切的关系。通常是木材硬度高者切削难，硬度低者切削易。影响木材硬度的因素很多，通常多数针叶树材的硬度小于阔叶树材；不同纹理方向硬度也不同，针、阔叶树材均以端面硬度最高，然后是弦面略比径面高；木材密度对硬度影响极大，密度越大，其硬度越大；在纤维饱和点以下，木材的含水率越高，硬度越小；心材的硬度一般都比边材大；晚材的硬度大于早材；等等。

木材硬度和耐磨性有着各自不同的性质特征。

硬度表示抵抗其他刚性物体压入木材的能力，而耐磨性则是表征木材表面抵抗摩擦、挤压、冲击和剥蚀，以及这几种因子综合作用时所产生的耐磨能力。但是两者之间又有一定的联系，通常是木材硬度高者耐磨性大，即抵抗磨损的能力大；反之，则抵抗磨损的能力小。另外，耐磨性还与树种、密度、方向、含水率等有关。

木材受外力作用后，阻止变形（特别是抵抗弯曲变形）的能力，称为刚性。刚性好的木材是难以弯曲的。单位长度实心构件比同质量的空心构件的刚度低。木材是由无数细胞或管状分子构成，这是木材刚性很高的原因之一。

木材具有自由弯曲并能恢复原形的能力称为韧曲性。韧曲性并不与刚性相对应，而是指木材无破坏或产生潜在缺点前的最大弯曲能力，它包含韧性及易曲性。韧性是木材吸收能量和抵抗反复冲击荷载，或抵抗超过比例极限的短期应力的能力。易曲性，是指木材受力后易于弯曲而不破损的特性。它与韧性有密切的关系，与木材的温度和含水率也有密切的关系。当干木材温度升高时，易曲性逐渐降低；而湿木材由于温度的升高，其易曲性逐渐加大。因此，在木材加工利用时，用蒸汽处理或在开水中浸泡一段时间，就可以提高它的易曲性，以便进行较大的弯曲加工。

木材的握钉力是指木材抵抗钉子拔出的能力。其大小取决于木材与钉子之间的摩擦力。摩擦力的大小取决于木材的含水率、密度、硬度、弹性、纹理方向、钉子的种类（大小、形状等），以及钉子与木材的接触面积等。

木材的加工性能主要是指在现代加工技术条件下，可以使木材的形状、尺寸发生变化的手段和难易程度。木材可以进行锯、刨、铣、钻、车、磨等各种手工加工或机械加工，也可以在一定程度上被弯曲或塑造成一定的形状。

家具用木材主要有板材、方材。板方材是指将原木按一定的规格和质量标准加工制成的板材和方材。其规格可参照相关国家标准和市场习惯。由于木材资源有限，人造板材成为木材的主要替代品。利用原木、刨花、木屑、小材、废材以及其他植物纤维等为原料，经过机械或化学处理制成的板材称为人造板材。与木材相比，人造板材具有与木材相近似的物理力学性能和加工性能。同时人造板材具有幅面大、质地均匀、表面平整光滑、变形小的特点。经过表面装饰后的人造板，其外观性能堪与木材媲美。

木材和木质材料是当今家具制造的主要材料类型。

Q&A：

（2）金属材料

金属材料成就了金属家具的简练、挺拔、理性等特有的家具艺术风格。常用的金属材料有三种：铸铁、钢材、轻金属合金材料（图4-2）。

铸铁质重性脆，无延展性，抗压强度高，抗拉强度低，较钢材更易断裂。铸铁表面呈现丰富的表面效果，自然朴实。铸铁抗氧化能力较强，不易锈蚀。铸铁材料容易铸造，价格低廉，但模具成本较高。铸铁可进行车、刨、铣、钻、磨等加工。

公园与剧场中座椅的骨架大多采用铸铁来制造，办公用的转椅和医疗家具亦常用铸铁作为支撑结构的零件。

与铸铁材料相比，钢材有较强的韧性、延展性，抗拉及抗压强度均高，因而制成的家具强度大、断面小。

钢材的表面经过不同的技术处理，可以加强其色泽、质地的变化。如钢管电镀后有银白而又略带寒意的光泽，减少了钢材的重量感。不同的钢材可利用不同的技术来处理其表面的色泽、质地，从而产生各种绚丽的装饰效果。例如，光彩夺目的金色拉手，点缀在大面积素底的柜门上，增添了家具整体形态的生动性，更符合大众的审美情趣。

长时间暴露在空气中尤其是潮湿环境中的钢材表面易发生氧化，即锈蚀。通过表面处理可以改善此状况。如表面镀以不易锈蚀的材料，涂刷油漆，表面覆塑，等等。

与铸铁材料相比，钢材具有更好的加工性能，能进行弯曲处理和锻造处理。

轻金属合金材料的特性是质轻而坚韧，强度大，富于延展性，易于加工。轻金属材料一般具有较好的抗腐蚀性。轻金属材料的加工性能普遍较好，且加工后的表面效果丰富。如铅及铝的型材，经过机械加工、喷砂、抛光、铅氧化、拉丝处理，能获得高光、亚光或无光效果，处理后的光面精致、细腻、柔和、均匀、光感反射率低，表面光洁美观。

轻金属表面也能进行像钢材表面处理的多种物理化学处理。

图4-2 金属材料家具

（3）塑料材料

塑料质轻，密度介于木材和金属之间。

在制造中加入各种有色溶剂，可以让塑料呈现丰富的色彩，且色泽鲜艳。塑料表面质感致密、光滑、细腻、圆润。塑料的导电性能差，是良好的绝缘体（图4-3）。

塑料种类不同，其熔点也不同。有些塑料遇热即融化，有些则有较好的抗高温性能，如工程塑料。

塑料表面具有耐水、耐化学腐蚀的特点。一般的塑料材料都具有较好的韧性和可塑性。不同种类的塑料其力学性能差异很大。塑料的加工性能优越。塑料材料方便注塑成型。将熔融的塑料注入模具中，脱模后即得到要求的形体。塑料材料可进行切割、铣削、钻孔、焊接等加工。

由于塑料是一种高分子材料，它可以方便地进行胶接。塑料表面可以进行涂饰处理。薄型塑料材料可以方便地覆贴于其他材料表面，形成装饰薄膜。

塑料材料最大的缺陷是易于老化。随着时间的推移，塑料内部组成结构发生变化，产生表面龟裂、色泽暗晦、韧性降低、强度降低等变化。

（4）皮革与织物材料

家具制造中常用皮革有牛皮、羊皮、猪皮等。牛皮坚固、耐磨、厚重，羊皮则以柔软、轻盈、素雅见长，猪皮表面粗糙多孔、质地厚重。

皮革由于有毛孔存在，均具有较好的透气性。经过处理的皮革质地柔软，手感温暖、亲切。皮革的弹性好，具有较强的回复性能。经过处理后的皮

图 4-3 塑料家具

革具有较好的力学性能，牢实、抗折、抗皱。皮革可执行缝接、胶接加工，以适应不同幅面大小。皮革表面可进行涂饰、磨砂、磨毛、烫花、压纹、染色等处理（图4-4）。

皮革材料一般用于软体家具表面材料或刚体家具的局部装饰处理，尤其是与人体接触的工作表面。

由于资源和价格的限制，真皮皮革材料在低级产品领域逐渐被各种新型人造革取代。人造革是以各种纤维织物为基材，表面覆以合成树脂制成的

图 4-4 皮革和织物家具

布基树脂复合材料。它是天然皮革的替代产品。它具有资源充足、价格低廉和表面装饰多样等特点。人造革可分为聚氯乙烯人造革和聚氨酯人造革。人造革材料具有与天然皮革相近似的物理、力学、加工性能。

除了皮革和人造革材料外，软体家具面料还可以是各类棉、毛、化纤织物或锦缎织物。各类织物花色品种数不胜数，质地、价格不一，任凭挑选。各种织物的原料种类与材质不同，其纤维内部构造及化学、物理力学性能也不相同。织物的外观及装饰性能比较直观，容易掌握和了解。纤维织物的原料主要可分为天然纤维、人造纤维、化学纤维三大类，每大类又有许多品种。如天然纤维就有动物毛纤维、棉纤维、麻纤维等等。

（5）玻璃与石材材料

玻璃具有清晰透明、光泽好的特点。玻璃对光具有强烈的反射效应。琢磨成各种角度的玻璃棱面，能产生特殊的折光效果（图4-5）。

玻璃硬度高，耐磨性能好，脆性大，易破裂和折断。玻璃表面光滑。在玻璃加工中加入各种溶剂，可以让玻璃呈现不同的色彩。在玻璃加工中加入各种助剂，可以明显地改善玻璃的强度性能，如钢化玻璃比普通玻璃的强度提高许多倍。采用不同的加工工艺，可以得到各种不同的玻璃制品，如中空玻璃、夹丝玻璃等。

熔融状态的玻璃可弯、可吹塑成型、可铸造成型，得到不同形状和状态的玻璃制品。玻璃成品可锯、可磨、可雕。玻璃表面可进行喷砂、化学腐蚀等艺术处理，能产生透明和不透明的对比。

石材是一种传统天然材料。天然石材是从天然岩体中开采出来加工成型的材料总称。常见的岩石品种有花岗岩、大理石、石灰岩、石英岩和玄武岩等。天然石材中应用最多的是大理石，它因盛产于云南大理而得名。纯大理石为白色，也称汉白玉。如果在其变质的过程中混进其他杂质，就会出现不同的颜色与花纹、斑点。如含碳呈黑色；含氧化铁呈玫瑰色、橘红色；含氧化亚铁、铜等呈绿色；等等。天然石材一般硬度高，耐磨，较脆，易折断和破损。天然石材资源有限，加工异型制品难度大，成本高。而人造石材则较好地解决了这些问题。

人造石材是利用各种有机高分子合成树脂、无机材料等通过注塑处理制成的在外观和性能上均相似于天然石材的合成高分子材料。根据使用原料和制造方法的不同，人造石材可以分成以下四类：树脂型人造石材、水泥型人造石材、复合型人造石材、烧结型人造石材（图4-6）。

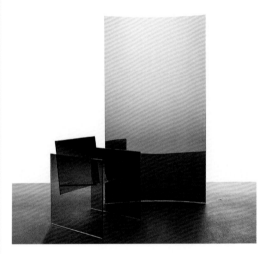

图 4-5 玻璃家具

图 4-6 石材家具

4.1.3 家具材料与家具形态

家具的材料形态是指由于材料的特性不同使家具所具有的形态特征。材料是构成家具的物质基础，同时也是家具艺术表达的承载方式之一。任何家具形态最终必然反映到具体的材料形态上来。

由于技术的发展，能用于家具的材料品种已不胜枚举。传统的家具材料以木材、竹材、石材等自然材料为主。当代家具材料则几乎包括了所有自然材料和人工材料。常见的有木材和各种木质材料、纸材、金属、塑料、橡胶、玻璃、石材、织物、皮革等，各种新型材料如合成高分子材料、合金材料、复合材料、纳米材料、智能化材料等在家具中均有运用。

（1）材料的表面性能基本决定了家具的质感和肌理特征

不同的材料具有不同的表面特性，它们最终会反映到家具的表面形态上。木材的纹理和质感赋予了木质家具自然、生动的本性，金属光洁的表面给予了家具光洁、挺拔的外表，织物和皮革的柔软成就了家具的柔顺和温暖。根据木材的纹理和花纹进行设计的实木家具可以使家具具有强烈的个性和艺术感染力，如图4-7所示。

（2）材料的物理力学性能与家具的形状特征具有必然的关系

材料的物理力学性能主要是指诸如材料的密度、质量、规格、导热系数、热胀冷缩等物理性能和硬度、强度、韧性等力学性能。熟知这些性能直接影响到家具的造型设计。例如，金属材料尤其是高强度合金材料普遍比木材、木质材料的强度高，因此可以设计成各种纤细、轻巧的家具形态，如图4-8所示。人造板材与实木相比，具有较大的规格尺度，可以做幅面较大的规格尺寸设计。塑料材料具有较好的延展性和成型性能，因而可以进行随意的形状设计，如图4-9所示。结构类材料可用于家具的承重部件，而织物和皮革等只能作为家具的表面覆盖材料。

图4-8 金属家具与木质家具在质感和肌理上的对比

图4-9 塑料家具的表面特征

图4-7 强调材料质感的木质家具

图 4-10 编制处理的竹家具、肌理丰富的沙发家具

（3）材料的加工特性决定了可能的家具现实形态

各种材料用于家具时一般不是直接采用，出于功能和审美的目的，往往经过各种加工才成为家具形态的一部分。而加工技术并不是随心所欲的，受到各种技术条件的限制，也就是说，材料的形态特征并不能完全被反映到家具形态特征上来。这就需要材料的选用者——家具设计师熟知材料的各种加工性能，才能得心应手地使用各种材料。所以，有人说设计师的设计能力在很大程度上取决于他们对于材料的运用能力。

经过弯曲处理的木材、金属材料可以塑造各种圆润、动感的家具形态，经过编制处理的竹材可以形成家具形态的韵律感，精心缝制的织物、皮革可以塑造不同的家具肌理，如图 4-10 所示。

⑷ 材料的装饰特性与家具的装饰形态相对应

材料经过加工和处理可以具备各种装饰效果，这些装饰特性直接或间接地反映到家具形态上。

经过涂饰、雕刻处理的木材部件使木质家具或富丽堂皇，或玲珑剔透，或光彩照人；经过电镀、喷塑处理的金属家具或光洁坚挺，或亲切宜人，如图 4-11 所示。

图 4-11 雕刻处理的木家具和喷塑处理的金属家具

在进行家具造型设计时，选择材料是非常关键的一环。

设计师应该时刻关心材料，发现各种可用的材料，尤其是各种新型材料，时刻构想材料的可能的加工途径和用途。

功能设计是选择材料的决定性因素之一。家具与人接触的部位需要温暖柔和富有亲和力。一些特殊的功能界面如实验台的表面需要具有较强的耐化学腐蚀的性能。这些都决定了家具的各个不同的部位需要选择的材料类型，也决定了它们的外观形态特征。

不同的材料往往具有相同的功能特征，这就取决于设计师对材料的熟悉程度，这也是设计师发挥个性的最佳途径。

设计师对材料的敏锐程度也是设计师的能力之一，一些在常人看来非常不起眼的材料在设计师眼中可能是求之不得的"宝贝"。

选择了具体的材料还只是家具形态设计的一部分，设计师需要对整体家具形态进行合理的构想，采用对比、协调等各种手段才能使同一件家具中的不同材料形态取得和谐一致，达到家具整体效果的完美。

4.1.4 家具材料的合理使用

家具材料的合理使用主要取决于以下两个方面。

（1）合理选择材料

选择用材是家具设计中首先要考虑的问题之一。要实现合理的选择材料，就应该做到以下三个方面。

① 材料的适用性。

a. 材料的等级和标准。不同的材料有不同的产品等级标准和检验标准。根据材料的等级和标准，选择与家具的整体定位相适应的家具材料。

b. 材料的功能齐备。不同种类的材料在物理、化学等方面的性能也各不相同。根据不同材料的性

能，选择符合家具的整体性能要求的家具材料。

c. 材料的寿命可靠。在选择家具材料时，必须保证它们在使用期间不失效。这就要求在选择材料时，应该认真考虑材料的防水、防锈、防蛀、防霉、磨损、老化等相关问题。

d. 材料的装饰性。不同材料有不同的纹理、色彩、质感等视觉效果，有的变化丰富，有的变化温和。在材料选择上，除了体现设计的意图外，还应该考虑使用者的感觉，必须符合一般的美学原理。既要重视材料的纹理、色彩、质感、触感等因素，还要考虑整体环境的装饰效果统一的要求。

② 材料的加工性。

在选择材料时，必须考虑该材料加工条件的要求，尽量选择加工方便、安装快捷的材料。同时，还应该考虑工人的劳动强度，尽可能选择能降低工人劳动强度的材料。

③ 材料的经济性。

材料的成本包括直接成本和综合成本。首先，要考虑材料的直接成本，它包括材料的购买价格、运费、利用率、损耗等因素；其次，要考虑材料的综合成本；材料的选择还与加工成本和寿命成本有关。

（2）合理加工材料

材料的加工也是家具设计首要考虑的问题之一。不同的材料有着不同的加工工艺和设备，并产生不同的形态特征和装饰效果；即使是同种材料，因加工工艺的不同也可以产生不同效果。如聚氨酯既可以一次浇铸成型，生产出仿古雕刻装饰的家具部件，又可以通过发泡而生产人造海绵作为软体家具的填充材料。因此在构思家具形态时，必须同时选择材料种类和加工方式，这样也就确定了产品的档次和市场定位。

要达到合理地加工所选材料，就必须正确地运用加工工艺和设备以及科学的工艺流程等。关于这一点，将在本教材的4.3章节中有具体介绍。

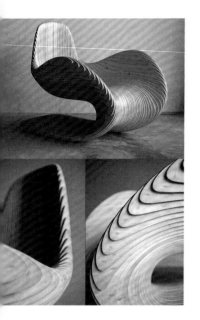

图 4-12 家具结构艺术

4.2 家具结构设计

家具是一种产品，是由各种物质材料组合而成的，在各种相同或不同材料的零部件间具有各种连接关系，或利用零部件本身的各种结构形状，或利用其他的家具连接专用部件将组成家具的零部件接合在一起。

家具结构设计就是制定家具结构计划，其目的是将组成家具的所有零部件采用科学合理、美观、现实可行的形式连接在一起，并能保证家具的使用功能、强度稳定性和家具造型的美观。

家具结构是技术也是艺术。家具结构是指将家具的零件整合成家具整体的方法和手段。结构的核心是提供必要的结构强度，执行家具的使用功能。因此，结构设计是家具设计的关键。家具是否稳定，在使用过程中是否不易损坏，家具形态是否能长时间地被维持，这些都是家具结构设计的结果。

家具结构设计是一种完全的理性设计，需要借助于实验、计算等多种技术手段才能实现。结构会以一定的外观形式表现出来。胶接可以使两个零件结合得天衣无缝，绑接可以使零件间错综复杂，连接件可以任意地将两个本不相关的零件按照设计

者的意愿结合在一起。于是便有了有机的结构、动感的结构、力度感的结构、韵律感的结构等，如图4-12 所示。

和家具材料选择一样，家具结构设计是家具设计工作的重要组成部分之一，必须是在保证符合整体设计思想的前提下进行。

家具结构设计的基本原则如下：

① 满足设计的整体要求。

② 保证造型的完满实现，符合使用功能所必须保证的强度、稳定性要求。

③ 实现家具设计的结构特征。若需要家具实现自装配结构，则要设计成可反复拆装的结构类型。

④ 具有现实可能的技术条件。

⑤ 实现结构的经济成本。

按照家具零部件间的接合方式，可以将家具结构分为"本体式"结构、"机械装配式"结构和特殊结构等几种基本类型。

总的说来，家具结构不是天生就有的，而是人们思维活动的结晶。家具结构也没有固定的模式，设计师可以根据自身设计的需要对家具结构进行设计。

图 4-13 随内部结构而改变的沙发

4.2.1 家具产品的结构形态

　　家具产品是一个工艺整体，家具整体是由若干个部件构成的，这些构成方式就是家具的结构。从构成的角度来看的话，一件家具形态它可能是由若干个不同的单元形态以不同的方式结合起来的整体。

　　一件优秀的家具产品，必然要使用具有一定强度的材料，通过一定的接合方式来实现其使用功能和基本需求，同时还应注意其审美功能和结构的新颖独特。

　　就某个家具形态而言，尽管它的外部形态不变，但构成的方式可能是不同的。例如，两块水平的板件，它可以是直接连接，也可以是通过垂直的侧板连接，其形态则完全不同。

　　家具的结构形态是家具形态的重要组成部分。结构方式可以决定家具的整体形式，也可以决定家具的细部形态。

（1）家具结构类型及其外在形态表现

　　家具本身就有外部结构与内部结构之分，而它们所表现的形态也各不相同。除此以外，不同类型的家具，因为它们的功能、材料、工艺等差异，所以它们的结构类型及其外在形态表现也各不相同。

　　① 家具的外部结构形态与内部结构形态。

　　家具的外部结构形态是指充分暴露在人视线下的外观结构。很明显，它除了应满足使用功能外，还应具有较好的审美特征。

　　家具的内部结构形态是指家具形体中零部件的接合方式以及由内部结构所产生的可能的家具形体的变化。如板件之间的连接，采用拼板的方式连接的话，板件自成一体，天衣无缝；若采用连接件接合的话，则自然显现连接的痕迹。图 4-13 所示是一款沙发，它的形态变化完全是由其内部结构确定的。

Q&A:

图 4-14 框式家具与板式家具

② 家具结构的形态反映。

不同的结构形式有不同的外观反映。框式家具与板式家具在形态构成上一目了然，如图 4-14 所示。

有些结构形式本身就是一种具有美感的形态，如悬臂结构的力度感，如图 4-15 所示。

图 4-16 所示是一种将家具结构故意暴露的设计手法，这些结构形式也被当成一种装饰形态。

图 4-15 悬臂结构的力度感

图 4-16 故意暴露结构用作装饰

图 4-17 以家具功能为出发点的家具结构形态

（2）家具结构形态塑造

① 以家具功能为出发点塑造家具结构形态。

家具设计的目的之一就是实现家具的某些功能，而材料本身一般是不具备这些功能的，需要对材料进行适当的"组合"，"安排"它们所处的状态，这需要用结构来实现，如图 4-17 所示。一块木板如果宽度不足以当桌子用，就需要采用拼合的方式将一些窄的木板拼合起来。一个柜子需要围合出适当大小的内部空间，则外围的围合板是必不可少的。

家具形体需要有一定的强度特征和稳定性特征，这完全是由家具结构决定的。不同的结构形态具有不同的强度、稳定性特征。如正三角形具有稳定的特征，这种结构形式常常被用作支撑结构。

② 以家具技术为出发点塑造家具结构形态。

家具结构设计属于家具设计技术的范畴。偏离家具技术制约的家具结构是没有存在价值的，家具技术直接制约家具结构的生成。因此，塑造家具结构形态，技术问题是不可能回避的。

由于家具的接合方式的不同，赋予了家具不同的结构形态。如传统家具中的榫卯接合方式，造就了独特的以线、面为主要构成元素的框式家具形态。又如各种连接件的使用，形成了有别于传统家具的现代板式家具形态。

各种材料性能的不同，也对家具结构形态的形成产生重要影响。如金属、玻璃等材料的应用，塑造了许多轻巧、灵透的家具结构形态。又如各种塑料和橡胶材料的应用，塑造了许多有机的家具结构形态。如图 4-18 所示。

图 4-18 以家具技术为出发点的家具结构形态

4.2.2 本体式家具结构

所谓"本体式"结构，是指利用家具零部件本身的材料特征、形状特征而形成的结构形式，也包括一些利用简单辅助手段而形成的连接类型。

将木材零件的一部分加工成各种榫头、榫眼的形式，再将它们接合起来，如图4-19所示。将金属、塑料材料进行模塑、弯曲等特殊加工，让它们成为直接需要的零件。这些都属于家具的本体结构。

（1）家具本体式结构类型

① 木材和木质材料的榫卯结构。

木材和木质材料良好的加工性能决定了它们是家具材料的主要类型。木材和木质材料能进行包括锯、刨、车、铣、钻、磨等在内的各种加工，因而能很好地达成人们的各种造型愿望和工艺愿望。

传统家具是一种典型的工艺产品，"浑然天成"一直是基本的审美标准之一。由此，人们总结了各种将家具零部件有机接合在一起的方法。其中榫卯结构是典型的形式之一。

榫卯结构一般用于木材和木质材料的接合，是木质建筑和木质家具的主要结构形式，即使是在技术迅猛发展的今天也仍然如此。

榫卯结构的设计原理是通过对家具零部件的空间位置、造型状态以及受力状态进行分析，然后在家具零部件本体上进行各种加工，使零部件相互"渗透"，彼此"咬合"，将不同的零部件接合在一起，并形成有机的整体。榫卯基本的接合部位是"榫头"和"榫眼"。通过榫头和榫眼的接合完成各种造型，并提供合适的结构强度。

图 4-19 榫卯形式的家具结构

榫头和榫眼是一对形式互补的配合体，有什么样的榫头就有什么样的榫眼。根据家具整体造型要求、零部件的受力状态以及加工的难易程度，榫卯接合中榫头形式和类型各有不同，因而有各种不同的接合形式。

按榫头形式来分，有方榫、圆榫、燕尾榫等，如图 4-20 所示。

按榫头数量来分，有单榫、双榫、多头榫等，如图 4-21 所示。

按榫头与榫眼的穿透关系来分，有贯穿榫、明榫、暗榫等，如图 4-22 所示。

还有一些特殊的榫头形式，在传统家具、木质工艺品中较为常见。由于其加工难度大，生产效率低，在当代家具制造中较少用到，但在对家具生产工艺要求很高的场合以及一些工艺美术品的制造中仍然使用，如图 4-23 所示

榫卯接合不需要其他的配件，直接在零部件上加工，然后将其接合在一起，因而配件成本低。榫卯接合使相接合的零部件浑然一体，外表形象反映出制品的工艺精湛。榫卯接合加工难度较大，生产效率相对较低。

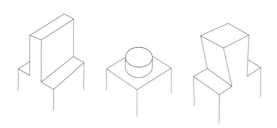

图 4-20 方榫、圆榫、燕尾榫

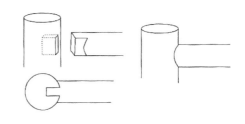

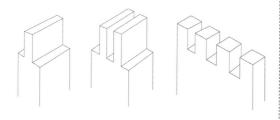

图 4-21 单榫、双榫、多头榫

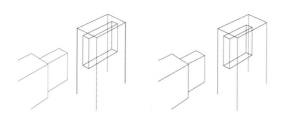

图 4-22 贯穿榫、明榫、暗榫

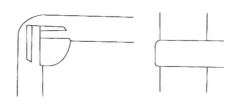

图 4-23 特殊的榫头形式

② 钉接合。

钉接合就是直接使用各种钉子将家具的零部件接合在一起。

研究表明：钉接合的强度与钉本身的强度、钉长、钉的直径（主要影响钉身表面与材料之间接合部位的接触面积大小）、钉身的形状有直接的关系。钉身自身的强度越高，其接合强度也越高；钉长、钉直径的尺寸越大，其强度也越高；钉身呈螺纹状表面比光滑钉身的接合强度高。

按钉身的表面形状来分，钉子有直圆钉、直方钉与螺纹钉之分。如图 4-24 所示。按钉的材料来分，有竹钉、铁钉、钢钉、铜钉、合金钢钉等类型。从钉头的形状来看来，有圆头钉、无头钉以及各种装饰型钉头。如图 4-25 所示。

钉接合直截了当，方便快捷，无需更多的加工，且受限制的条件少。但钉接合部位随着时间的推移，材料的干缩湿胀、热胀冷缩等尺寸变化，钉身的氧化与老化，反复拔出与钉进等因素的影响，接合强度会逐渐降低直至完全消失，因而影响制品的使用寿命。

③ 胶接合。

利用胶黏剂将要接合的零部件黏合在一起的接合形式称为胶接合。

胶合强度是胶接合所要考虑的主要问题。影响胶合强度的主要因素有：不同的胶种、胶种与被黏合材料的属性、胶合处的表面状态、胶合工艺等。

胶黏剂固化后与被胶合材料一起成为整体，因此胶黏剂固化后本身的强度成为构件整体强度的一部分。不同的胶种固化后胶本身的强度性能不同，所以胶种是影响胶合强度的重要因素。

胶合强度的形成部分是由于胶黏剂在被胶合材料中渗透，或者与被胶合材料之间发生物理、化学反应，改变胶合部分材料的性质、组成或结构，形成有胶黏剂参与的混合结构后的结果。因此，胶黏剂与被胶合材料之间"交融"状态十分重要。而这与胶黏剂和被胶合材料的属性是密切相关的。一些与被胶合的材料不能起化学反应的胶黏剂，能形成胶合强度的原因之一是胶黏剂渗透到被胶合材料表面以下的空隙处，形成无数的"胶钩""胶钉"。因此，表面绝对光滑和无任何空隙的材料是无法用

图 4-24 圆钉和螺纹钉

图 4-25 圆头钉、无头钉以及装饰型钉头

这些胶黏剂进行粘合的。表面的油污、水分也可能影响胶黏剂在被胶合物中的渗透以及影响"胶钩、胶钉"与被黏合物之间的黏合力。任何胶种都有合适的施胶条件、固化条件，当这些条件得不到满足时，胶合也无法形成，胶合强度自然无从谈起。

　　胶接合施工方便，适用于很多场合。胶接合胶合后被胶合物之间可以做到"天衣无缝"，因而整体感强。随着胶黏剂的"老化"等变质反应，胶合强度会逐渐减小直至失去。

④ 焊接与铆接。

通过加热将要接合的两金属材料零件的接合部分熔融，待重新凝固后，两者自然接合在一起，这就是金属材料的焊接。通过铆钉将金属零件"铆接"起来的方式叫铆接。部分工程塑料也能执行焊接、铆接工艺。金属、塑料家具的结构中常采用此种接合方式。如图 4-26 所示。

⑤ 皮革与织物的缝接。

对于皮革、织物这样的材料，它们之间进行相互接合的主要方式是缝接。如图 4-27 所示。

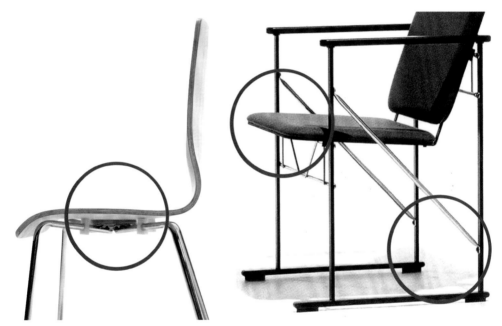

图 4-26 铆接工艺

图 4-27 皮革沙发的缝接工艺

（2）家具本体式结构性能与特点

总结起来，本体式家具结构具有下列特点：

① 有机的整体感。

② 高超的技艺特性。

③ 接合部位与被接合件在强度上的一致性和相似性。

④ 成本较低。

⑤ 不可反复性。

⑥ 加工技术难度较大。

4.2.3 机械装配式家具结构

所谓"机械装配式"结构，是指将家具零部件采用机械接合的方式组合在一起，就像机械组装一样。如采用偏心连接件将两块板件接合在一起，用空套螺钉将两块木方件接合在一起。

（1）机械装配式家具结构形式

所谓机械装配式家具结构形式，就是像由许多零部件通过各种方式最后组装成机器一样，将家具的零部件通过机械组装的方式组成家具整体。当代家具绝大多数采用这种接合方式。

尽管一台机器机构十分复杂，当它完全被剖析后，实质上是由一些标准或非标准的、简单的零件构成的。家具的结构也是如此。

家具结构中机械装配式接合的形式主要有两种：螺栓和螺钉结构。

螺栓接合是指用类似机械接合的螺栓、螺母将家具零部件接合起来。其接合方式主要有如下几种：叠加式接合（如图4-28所示）；对接（如图4-29所示）；栓接（如图4-30所示）。

Q&A:

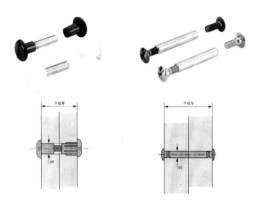

图 4-28 叠加式接合

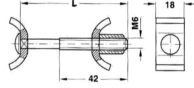

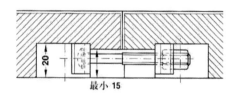

图 4-29 对接

图 4-30 栓接

图 4-31 各种螺母

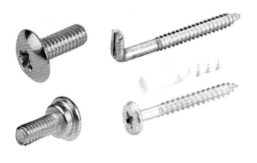

图 4-32 各种螺钉

图 4-33 空套螺钉（栓）

螺母的形式可以是常规多边形的螺母（如六角螺母、四角螺母等），也可以是带外螺纹的空套螺母。如图 4-31 所示。

螺钉的种类很多，有不同的钉身形状和钉头形状，分别用于不同类型材料的接合和不同的使用场合。如图 4-32 所示。如硬质木材多采用螺距较小直径较小的螺钉，而软质木材多采用螺距较大直径较大的螺钉，不影响使用的部位多采用圆头螺钉，作业面上为保证作业面的平整多使用陷入木材中的沉头螺钉。用于金属和塑料件连接的多使用自攻螺钉。

家具结构中，有些零部件之间的结合方式普遍存在或在一件家具中多次出现，如板式家具中板件与板件的连接，侧面板与门板的连接；实木家具中方材与方材的连接等。将这些部位和这些形式的连接设计成一种整体的、专用的配件，这些配件就称为家具的专用连接件。

采用专用连接件有利于实现专业化、标准化生产，提高生产效率，保证产品质量，同时可以为顾客的自装配提供可能。

家具结构中的连接件形式繁多，将在后面的章节中阐述。

（2）家具连接件结构

家具连接件是针对常见家具形式特别设计的起连接或紧固作用的专门配件。现代家具一般采用连接件接合。连接件的类型繁多，常见的有如下 10 种：

① 空套螺钉（栓）。

如图 4-33 所示是空套螺钉（栓），俗称"二合一"连接件。一般用于零件之间的直接接合，将空套螺钉（空心且带内螺纹）的一端预埋在一个零件上，用螺栓将另一零部件通过空套螺钉使两者接合起来。

空套螺钉是一种可反复拆装的连接件，但预埋的空套螺钉不能反复拆卸。

② 明合页。

如图 4-34 所示，明合页用于实木家具或板式家具侧框（侧板）与门（门板）的连接。合页外露，具有一定的装饰作用。传统造型的家具常用此种结构。

③ 偏心连接件。

如图 4-35 所示是偏心连接件，俗称"三合一"连接件，由偏心转件、空套螺钉、两段分别带螺纹和凸头的拉杆组成。用于零件的垂直连接和水平连接。转动偏心轮，使拉杆在孔中移动，拉杆或松或紧，连接或松开（拆卸）或固定。偏心连接件是一种可反复拆装的连接件。

图 4-34 明合页

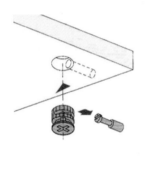 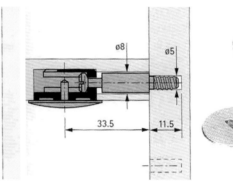 

图 4-35 偏心连接件

④ 定位销钉。

如图 4-36 所示是定位销钉，它将塑料、木质的销钉插入预先钻好的孔中，用来定位或固定零件。定位销钉可反复拆装，但若用于固定，则拆装次数有限。

图 4-36 定位销钉

⑤ 暗铰链。

如图 4-37 所示，暗铰链用于柜门的安装。由于铰链被安装在柜子的内侧（门和侧板的内侧），关门后不能看见，故称为"暗铰链"。又由于此铰链的安装必须在门板上钻一圆孔用以安装铰链之圆杯状的紧固座，故此种铰链又称为"杯状铰链"。

暗铰链是一种可反复拆装的连接件。但靠近侧板的一头是用螺钉固定在侧板上的，反复拆装会影响连接强度。

图 4-37 暗铰链

⑥ 抽屉滑道。

如图 4-38 所示，抽屉滑道专门用来固定柜内抽屉的一种连接件，有"托底式"和"内嵌式"之分。预计抽屉的承重较大，则选择"托底式"，反之可选用"内嵌式"；视设计的抽屉拉出的距离大小，可选用滑道为一节、两节或多节的。

⑦ 滑轨与滑轮。

如图 4-39 所示，滑轨与滑轮用于推拉门的安装。将滑轨安装在上下顶板和底板部位，滑轮安装在门板上。

图 4-38 抽屉滑道

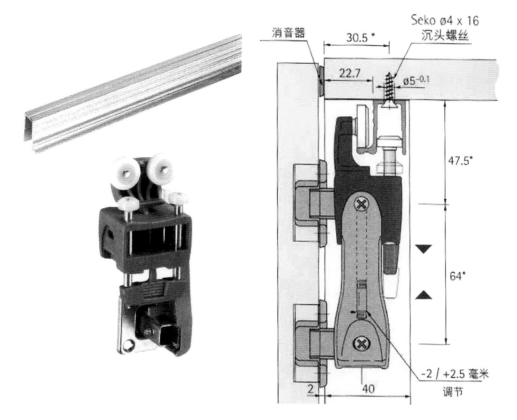

图 4-39 滑轨与滑轮

⑧ 各种调节装置。

如图 4-40 所示是某种调节装置，家具中有许多需要不断调节的部位，如桌面的高低、座位的高低、靠背的倾斜程度等。采用各种调节装置可方便地实现这些功能。

⑨ 紧固与稳定装置。

如图 4-41 所示，紧固与稳定装置用来加固其他连接的配件。如加固椅腿与椅座之间的榫连接、床头与床身之间的挂钩连接等。

⑩ 其他连接件。

如图 4-42 所示，针对一些特殊的功能专门设计的各种连接件统称为其他连接件。

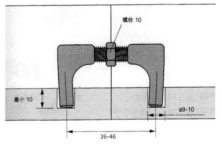

图 4-41 紧固与稳定装置

图 4-40 调节装置

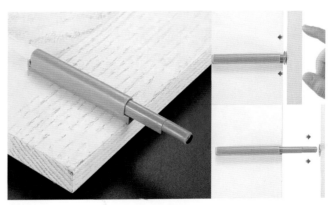

图 4-42 其他连接件

Q&A:

图 4-43 竹家具的结构形式

4.2.4 家具的特殊工艺结构

家具结构有时既不同于一般意义上的工艺美术结构，也区别于常规机械结构，家具生产与制造的实践，已经形成了家具独特的结构模式。除了上面所述及的本体式结构、机械装配式结构外，也常常采用一些家具独有的特殊结构。

（1）竹家具的结构形式

竹材家具特别是原竹家具（直接用原生态竹材来制造的家具），由于竹材的类型特殊，常采用不同于其他类型家具的结构。如图 4-43 所示。

（2）藤家具的结构形式

和竹材一样，藤类材料是制作家具的良好材料类型。藤家具与其他类型的家具相比，风格独特，深受消费者喜爱。

由于藤材的特殊形式，藤家具的结构形式也别具一格，如图 4-44 所示。

图 4-44 藤家具的结构形式

（3）装饰性结构形式

所谓装饰性结构，是指主要用于家具装饰的一些结构形式。与单纯的结构形式相比，它既需要有一定的强度，同时对结构形式的外观有特殊的要求，即单是这种结构本身就应该是一种装饰手段。如固定沙发表皮所采用的鼓泡钉，一方面要能够将皮革固定在沙发框架上，同时鼓泡钉的均匀排列和不同于皮革的材料色彩、质感，对于沙发形态而言，本身就具装饰特征。如图 4-45 所示。

图 4-45 装饰性结构形式

4.3 家具生产工艺与家具设计

工艺是设计实现的落脚点。任何造物活动都离不开造物的过程以及造物的手段，它们一起构成造物工艺，在工艺中产生了物的功能和艺术。

工艺能赋予物品价值和价格，工艺同样能赋予物品被观赏的美感与劣感。

前面已经说过，家具设计的直接目的之一就是要把对家具产品的理想付诸于现实，将家具产品生产出来。作为一个家具设计师，他（她）必须了解家具生产的整个过程，从而做到对自己的设计是否能实现"胸中有数"。设计师可以围绕着某一特定的工艺类型，有针对性、有目的地设计某些特殊的家具类型。

由于受生产技术的限制，家具设计创作往往不是随心所欲的，材料、结构、生产工艺等技术条件对设计的影响很大。技术既可以成为家具设计的原创要素之一，也可以对原创设计设置"障碍"。

4.3.1 家具生产工艺

按照家具的主要原材料的不同类型，家具可以分为木家具、金属家具、塑料家具、软体家具等几种，它们的生产工艺各有不同。

（1）木质家具制作工艺

以木材和木质材料为主要原材料的家具称为木质家具。使用各种工具或机械设备对木材或木质材料等进行加工或处理，使之在几何形状、规格尺寸和物理性能等方面发生变化而成为家具零部件或组装成家具产品的加工方法和操作技术，称为木质家具制造工艺。

从家具的结构形式来区分，木质家具主要分为木质框式家具和木质板式家具，它们的加工工艺也有所不同。

图 4-46 框式家具

① 木质框式家具的制作工艺。

所谓框式家具是指以木框架为结构主体的家具类型。如图 4-46 所示。

木质框式家具生产工艺流程大致如下（图 4-47）：

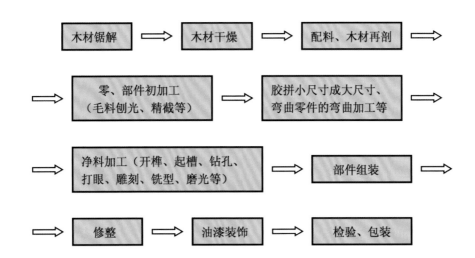

木材锯解 ⇒ 木材干燥 ⇒ 配料、木材再剖 ⇒

⇒ 零、部件初加工（毛料刨光、精截等） ⇒ 胶拼小尺寸成大尺寸、弯曲零件的弯曲加工等 ⇒

⇒ 净料加工（开榫、起槽、钻孔、打眼、雕刻、铣型、磨光等） ⇒ 部件组装 ⇒

⇒ 修整 ⇒ 油漆装饰 ⇒ 检验、包装

图 4-47 木质框式家具生产工艺流程

a. 木材锯解。利用带锯机、圆锯机等设备将原木或大尺寸的方材、板材锯解成方便干燥和加工的尺寸。木材的锯割，是木材成型加工中用得最多的一种操作。按设计要求将尺寸较大的原木、板材或方材等，沿纵向、横向或按任一曲线进行开锯、分解、开榫、锯肩、截断、下料时，都要运用锯割加工。

b. 木材干燥。采用热风、蒸气对木材进行烘干处理，使木材的含水率降至15%以下。

c. 配料、木材再剖。配料按照木家具的质量要求，将各种不同树种、不同规格的木材，锯割成符合家具规格的毛料，即基本构件。配料时，要根据家具的质量要求，构件在家具中所处的部位和作用，合理地确定各构件所用成材的树种、纹理、规格、含水率等技术指标。同时对有缺陷的木材进行细致选择和搭配，在保证制品质量的前提下，尽可能提高木材的利用率。

d. 零、部件初加工。按照制品、制品零件的规格尺寸，留出加工过程中必要的加工余量（如锯路损失、刨切损失量等）后，对干燥后的锯材进行再次剖切，加工成"毛料"。一般采用圆锯机。

e. 拼接。对于规格尺寸较小的原材料，可利用对接方式或指接方式将小型材料拼接成尺寸较大的材料。

用平刨床对基准面进行刨切加工，以便得到一个可提供度量尺寸、衡量形状准确程度的基准面，再用压刨床、四面刨床等设备对确定基准面后的毛料的另外三边进行刨切加工，使其符合基本尺寸要求和表面精度要求。

刨削也是木材加工的主要工艺方法之一。木材经锯割后的表面一般较粗糙且不平整，因此必须进行刨削加工。木材经刨削加工后，可以获得尺寸和形状准确、表面平整光洁的构件。

用精截圆锯将工件精截为合适的长度要求。

有些零件的尺寸较大，需要采用小尺寸的材料拼合而成，则将接缝处开槽、铣长条榫，或者铣"指接榫"、梳齿榫，用胶将小材拼合成大尺寸的材料。对于一些最后是弯曲形状的零件，则进行弯曲加工。

f. 净料加工。所谓净料加工，是指对尺寸已基本合乎要求的零件进行成型加工。如将方材用车床车圆，将直方形棱角用铣床铣成圆形棱角，用钻床在需要的部位打眼，对某些局部进行雕刻等，也包括对需要与别的零件进行接合的零件进行与接合形式有关的加工，如铣榫头和开榫眼等加工。

木家具中的各种曲线零件，制作工艺比较复杂，一般通过木工铣削机床来完成。木工铣床是一种万能设备，可用来截口、起线、开榫、开槽等直线成型表面加工和平面加工，但主要还是用于曲线外形加工，是木材制品成型加工中不可缺少的设备之一。

g. 部件组装。对加工好的零件进行组装、修整，并对制品进行油漆装饰、打蜡装饰、表面覆贴等表面处理。

覆贴是将面饰材料通过黏合剂，黏贴在家具表面而形成一体的一种装饰方法。常用的面饰材料有：聚氯乙烯膜（缩写为PVC膜）、人造革、DAP装饰纸、AIKOY纤维膜、三聚氨胶板、木纹纸、薄木等。不同的饰面材料有不同的装饰工艺。

木家具表面涂饰是将各种涂料采用不同的方法黏附在家具表面。

h. 修整。由于木材表面不可避免地存在各种缺陷，如表面的干燥度、纹孔、毛刺、虫眼、节疤、色斑、松蜡及其分泌物松节油等，不预先进行表面处理，将会严重影响涂饰质量，降低装饰效果。因此，必须针对不同的缺陷采取不同方法进行涂饰前的表面处理。

木家具表面虽经刨光或磨光，但总有些没有完全脱离的木质纤维残留表面，影响表面着色的均匀性，因此涂层被覆前一定要去除毛刺。对一般木家具只要经几次砂磨即可，而高级木家具则需要运用特殊的工艺去除毛刺。如用湿布擦拭涂饰表面，使木毛吸水膨胀竖起，待表面干燥后再用砂纸磨光。

不少木材含有天然色素，有时需要保留，可起到天然装饰作用。但有时因色调不均匀，带有色斑，或者木家具要涂成浅淡的颜色，或者涂成与原来材料颜色无关的任意色彩，这时就需要对家具表面进行脱色处理。脱色的方法很多。用漂白剂对木材漂白较为经济并见效快。一般情况下，常在颜色较深的局部表面进行漂白处理，使涂层被覆前木材表面颜色取得一致。常用的漂白剂有：双氧水、次氯酸纳、过氧化纳等。

i. 油漆装饰。表面处理后，做底漆。做底层的目的是改善木家具表面的平整度，提高透明涂饰及模拟木纹涂饰的木纹和色彩的显示程度，获得纹理优美、颜色均匀的木质表面。做底层是多道工序的总称，它包括渗水老粉、刮油腻子、刮硝基腻子、刮虫胶腻子、刷颜色虫胶透明漆、刷水色、虫胶拼色。底层完成后便可进行面层的涂饰。用于木家具表面涂饰的涂料一般可分为透明涂饰和不透明涂饰两大类。透明涂饰主要用于木纹漂亮、底材平整的木家具。而不透明涂饰主要用于有色木家具的表面涂饰。

j. 检验、包装。最后检验入库。

上述加工流程具体的加工方法和工艺参数，可以参考有关木材加工类的书籍，这里不再赘述。

② 木质板式家具的制作工艺。

当今大多数的木质家具均为板式家具类型。所谓板式家具，是指围合、划分家具内部空间，起支撑、承重作用的所有家具零部件均为板件的家具类型。一般用人造板（如中密度纤维板、刨花板、胶合板等）作为原材料。

通俗地说，板式家具的制作就是按设计要求，将原材料的板裁成合适大小规格的板件，再将板件拼合成家具。典型的板式家具制造工艺流程如下（图4-48）：

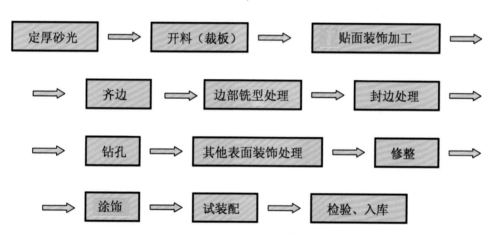

图 4-48 板式家具制造工艺流程

a. 定厚砂光。采购的板材可能在厚度规格上有较大的偏差，应先在"定厚砂光机"上进行砂光，使板材厚度基本一致，为之后的工艺以及安装精度提供质量保证。同时，砂光可以去掉板面上的浮尘，确保表面贴面的质量。

b. 开料。用裁板锯、电子开料锯等设备按照板件设计尺寸对板材进行锯解。

c. 贴面装饰加工。一般素板的表面质量较差，要对板面进行贴面装饰，如黏贴装饰纸、塑料贴面、薄木贴面材料等，可用覆面机械也可用手工操作。

贴面工艺可在裁板后进行，也可在裁板前进行，即将一整块板先贴面，再进行锯切。

d. 齐边。贴面后的工件往往边缘不齐整，需要用精边裁边锯对板件四面进行精确锯切，得到板件的最终尺寸。

e. 边部铣型处理。按照设计要求，有时需要对全直棱角的板件进行"倒圆"处理或者将板件的端面铣成设计要求的各种形状，可用铣床、加工中心等设备加工。

f. 封边处理。对板件四周进行封边处理，采用的设备有曲、直封边机等。

按设计要求，可能要对封好边的板件"修边"，去掉尖锐的棱角，保证封边的平整与美观。

g. 钻孔。板式家具的部分板件经常设计成可以通过搁板销来自由调整位置，因此需要在一些板件上钻出一系列的调位孔；板式家具在装配过程中，需要事先用定位销进行定位，常用的定位销是"圆棒榫"，装配前需预先在板件上钻孔安装圆棒榫；板式家具一般通过连接件将板件连接成家具整体，多数连接件的安装也需要借助大小不一的孔。所以，在板件上精确钻孔成为板式家具生产的关键工序。为保证孔位的精度，板式家具的钻孔常在"排钻机"上进行。排钻机是一系列钻头安装在同一直线上的钻孔机，钻头间中心间距为 32 mm。按照排钻机上钻头的排数，有单排钻、双排钻、三排钻、多排钻之分。将需要钻孔的部位安装上钻头，一次加工便可得到一系列的孔。若是多排钻的话，则可在板件的任意位置甚至板件的六个面上同时钻孔。由于钻孔是在机械上一次完成的，只要加工机械的精度能保证，则孔位是精确的，这为后续安装、顾客的自装配提供了必要的安装条件。

h. 表面装饰处理。若板件表面还有其他装饰如雕刻装饰等，则在板件上完成这些装饰加工。

对板件进行涂饰处理，其方法有手工涂饰、喷涂、浸涂、淋涂等。喷涂常用的设备有空气压缩机、喷枪，或用真空无气喷涂设备。为减少喷涂环境的漆雾浓度，保证漆膜的光滑平整，常采用"水帘机"。一些涂料可采用浸涂，将板件直接浸入装有涂料的容器中，提上来即完成涂饰；一些涂料可采用淋涂工艺，将涂料淋在板件上，经过烘干处理，即得到丰满坚实的漆膜。

i. 试装配。家具出厂前需对家具进行试装配。由于板式家具常常是以板件的形式销售到用户手中，必须保证用户能轻松地安装成功。至少在同一批同样的产品中试装一件。

Q&A:

（2）金属家具制作工艺

以金属材料为主要原材料制成的家具称为金属家具。

金属家具常用的原材料有铸铁、各种厚度规格的钢材或合金板材、管材、线材等。少量用到截面为"工"字型、槽型或特殊型式的材料。

金属家具制造包括铸造、压力加工、焊接等三种成型和加工方法。铸造是熔炼金属、制造铸型并将熔融金属流入铸模、凝固后获得一定形状和性能的铸件成型方法。

铸造的方法很多，目前应用最为普遍的是砂型铸造。除砂型铸造以外的其他铸造方法统称为特种铸造。常用的特种铸造方法有：熔模铸造、金属型铸造、压力铸造、低压铸造、离心铸造、陶瓷型铸造、连续铸造等。

① 铸造生产的特点。

a. 适应性强。铸造生产不受零件大小、形状及结构复杂程度的限制。铸件可轻到几克，重达数百吨；壁可薄到 1 mm，厚可达几米；长度可短至几毫米，长达十几米。大件的生产，铸造的优越性尤为显著。铸造生产一般不受合金种类的限制，常用的铸铁、钢、铝及铜等合金均能铸造。

b. 成本低廉。与锻造相比，铸造使用的原材料成本低；单件小批生产时，设备投资少，生产的动力消耗少，铸件的形状尺寸与成品零件极为相近，原材料消耗及切削加工费用大为减少。

但铸造生产也存在着若干不足之处：铸造组织的晶粒比较粗大，且内部常有缩孔、疏松、气孔、砂眼等铸造缺陷。因此，铸件的机械性能一般不如锻件；铸造生产工序繁多，工艺过程较难控制，致使铸件的废品率较高；铸造工人的工作条件较差、劳动强度较大。随着铸造技术的发展，以上不足之处正在不断得到克服。

② 压力加工特点。

金属压力加工是在外力作用下，使金属坯料产生塑性变形，从而获得具有一定形状、尺寸和机械性能的原材料、毛坯或零件的加工方法。压力加工是一种重要的塑性成型方法，因此要求金属材料必须具有良好的塑性。工业用钢和大多数非铁金属材料及其合金，都可进行压力加工。

工业生产中所用不同截面的型材、板材、线材等原材料大多是经过轧制、挤压、拉拔等方法生产的；而各种机器零件的毛坯或成品，如金属家具的支座等多数是采用自由锻、模锻和冲压方法生产出来的。

③ 焊接生产特点。

金属焊接是借助原子间的结合，使分离的两部分金属形成不可拆卸的连接的工艺方法。分离的金属经焊接后成为一个整体。界面间的原子通过相互扩散、结晶和再结晶过程形成共同的晶粒，因而接头非常牢固，它的强度一般不低于母材（被焊金属）的强度。

由于被焊金属的接触表面不可能很平整和光洁，表面粗糙、氧化膜和污物等都是实施焊接的障碍。因此，在焊接过程中必须采用加热、加压或同时加热又加压等手段，促进金属原子接触、扩散、结晶，以达到焊接的目的。

金属焊接按其过程特点可分为三大类：熔焊、压焊、钎焊。将工件需要焊接的部位加热至熔化状态，一般须填充金属并形成共同的熔池，待冷却凝固后，使分离工件连接成整体的焊接工艺称为熔焊。在压力（或同时加热）的作用下，被焊的分离金属结合面处产生塑性变形。

金属家具表面处理与装饰技术一般具有双重作用和功效。金属家具的表面受到大气、水分、日光、盐雾、霉菌和其他腐蚀性介质等的浸蚀作用，会引起金属家具失光、变色、粉化和开裂，从而遭到损坏。因而表面处理及装饰的功效，一方面是保护家具，即保护材质表面所具有的光泽、色彩和肌理等而呈现出的外观美，并延长家具的使用寿命，有效地利用材料资源；另一方面起到美化、装饰家具的作用，使家具高雅含蓄，表面有更丰富的色彩、光泽变化，更有节奏感和时代特征，从而有利于提高家具的商品价值和竞争力。

金属家具表面处理和装饰技术所涉及的技术问题和工艺问题等十分广泛，并与多种学科相关，作为家具造型设计师要了解这些表面处理与装饰技术的特点，能正确合理地选用。

④金属家具的表面处理。

许多金属都有表面生成较稳定的氧化膜的自然倾向。金属表面处理是指金属表面的原子层与某些特定介质的阴离子反应后，在金属表面生成膜层。该膜层称作转化膜。

转化膜可分为电化学转化膜和化学转化膜两大类，其中化学转化膜还包括化学氧化膜、硫酸盐膜和磷酸盐膜。转化膜层几乎在所有金属表面都能生成，但具有使用价值，在生产上较为普遍应用的是铝、铁、铜及其合金，还有钛合金和银等。

转化膜的生成是金属表面在特定条件下人为产生和加以控制的腐蚀过程。因此，转化膜层不同于电沉积的镀层，转化膜是由基体金属直接参与成膜反应而生成的，所以膜与基体金属的结合要比电镀层好得多，而且膜层具有电绝缘性。转化膜层的应用极其广泛，通常用于以腐蚀防护为主要目的的场合，而且转化膜经过某种特殊处理，具有着色、装饰效果。

⑤金属家具的表面装饰。

金属家具的表面装饰也称作金属家具的表面被覆处理。表面被覆处理层是一种皮膜。如镀层和涂层覆盖制品表面的处理过程，就是比较重要的表面装饰方法。

现代金属家具的生产一般采用已经成型和表面经过处理的现成的金属材料为原材料。

金属家具制造常见的工艺流程为（图4-49）：

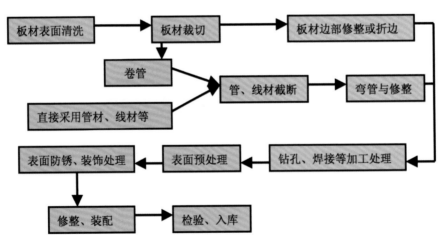

图4-49 金属家具制造工艺流程

a.表面清洗。不论是金属板材还是金属管材、线材，在使用前都要经过清洗，除去表面的油污、锈迹。

当设计为特殊规格的管形或非封闭管形截面的零件时，需要利用卷管机、卷板机对金属板材进行卷管或卷折加工。设计时尽量采用标准规格的金属管材和材料，以降低成本和确保产品质量。

b.裁切。在预留加工损耗的前提下，截断管材、线材，裁板并按设计形状折板。对端沿进行磨削处理，去掉尖锐的棱角。

若设计的零件为圆弧状，则进行弯管加工。

将零件进行焊接或铆接，使其成为整体性较强的部件。

c. 钻孔。对零、部件进行钻孔、铣削、整型等必要的加工处理。最终加工成设计要求的形状和尺寸。

d. 表面装饰处理。由于金属零部件在长期使用过程中可能会出现生锈、氧化等问题，需要对它们进行镀铬、氧化、喷塑等表面装饰处理。处理之前，需要对其表面进行特殊的工艺处理，以确保表面装饰加工的质量。

e. 装配。对零部件修整并进行试装配。最后进行组装。

（3）塑料家具制作工艺

① 塑料成型的基本知识。

塑料成型是将树脂和各种添加剂的混合物作为原料，制成具有一定形状的制品的工艺过程。塑料成型的方法很多，造型设计师在对产品的造型进行设计时，必须对结构和造型要求以及制品的使用性能要求有深入全面的了解，以便合理选择塑料的品种、组成及成型加工方法。

塑料制品性能的优劣，既与选用的塑料品种、组成、结构和性能有关，也与成型方法和具体的工艺条件等因素有关。因此，在原料确定之后，应充分注意其成型加工与材料性能的关系，从而优化工艺，生产出造型和使用性能优良的塑料制品。

② 注射成型技术与工艺。

注射成型又叫注塑成型，适用于热塑性塑料和部分流动好的热固性塑料制品的成型。这种成型方法可一次成型出外形复杂且尺寸精确的塑料制品。生产成型周期短，一般制品成型时间在30～60秒内即可完成。便于实现自动化和半自动化生产，生产效率高，模具利用率高，成型制品的一致性好，制品几乎不需进一步加工。

注射成型可在注射机上进行。注射机主要由料斗、料筒、加热器、喷嘴、模具和螺杆等构成。将颗粒状或粉状塑料原料倒入料斗内，在重力和螺杆旋转推送下，原料进入料筒内，在料筒中物料被加热至流动状态，然后熔融物料以高压高速经喷嘴

被注射到设计好的闭合模具内，经一定的时间，完成冷却、定型固化成型，开启模具，取出家具或家具构件。这种方法既可生产小型精密制品，也可生产大型制品。

③ 挤出成型技术与工艺性。

物料由加料斗进入料筒被熔融，由螺杆在一定压力作用下将物料挤出，利用端部的塑模使之形成一定的形状，再经冷却、固化，制成同一截面的连续型材，如管材、板材、棒材、薄膜、丝、异型材、涂层制品等。挤出制品的几何形状和要求不同时，应设计制作出相应的塑模机头来满足制品的要求。

④ 压制成型技术与工艺性。

压制成型主要用于热固性塑料制品的生产，有模压法和层压法两种。模压法是将树脂和其他添加剂混合料置于金属模具中加热加压，塑料在热和压力作用下熔融、流动充满模腔，树脂与固化剂发生交联反应，经一定时间，固化成具有一定形状的制品。物料完全固化后，开启模具将其取出，经修边、抛光等加工制成符合要求的制品。层压法是以纸张、棉布、玻璃布等片状材料，在树脂中浸渍，然后一张一张叠放成需要的厚度，放于层压机上加热加压，经一定时间后，树脂固化相互黏接成型。层压法主要用于各种增强塑料板材、棒、管材等。

⑤ 表面处理与装饰技术。

塑料制品根据使用和设计要求，应具备相应的表面质量，由于塑料的品种、组成、结构及表面状态不同，其性质直接影响表面质量。一般要求塑料制品的表面平整、光滑、清洁，无裂纹、裂口、气泡、孔穴、条纹、斑点、凹陷、杂质、颜色等表面缺陷；要求塑料表面色彩均匀，光泽符合要求，能承受环境和腐蚀性物质的侵蚀，有较高的耐用性和安全性；要求塑料表面具有造型设计意图的丰富光泽、色彩等；有些制品的表面还要求具有较好的硬度、耐磨性、导热性、导电性、憎水、润滑等性能。根据不同制品的用途，要求塑料的表面质量也不同。

表面处理是通过一定的表面处理使产品表面

色彩、光洁度等达到产品设计的外观美化要求和其他特殊要求。

塑料涂装的主要目的是改善外观性能和使用性能。涂装后，制品表面由于有了涂层，使塑料与空气、水等环境分开，防止了环境因素和霉菌等对塑料的腐蚀与侵蚀，有效地防止和延缓了塑料制品的老化，提高了制品的寿命，同时也提高了塑料制品耐化学药品和溶剂的能力。塑料表面着色，具有设计和使用要求的彩饰。制品表面具有要求的硬度、亮度、导热性、导电性能或绝缘特性，降低表面对灰尘等的吸附性，同时具有憎水、润滑及其他特性。

塑料涂层材料及工艺比较复杂。不同种类的涂料对塑料的适应性不同，首先要考虑涂料和塑料间的黏附性，还要考虑涂料的色彩、耐蚀性，以及对温度的稳定性、应力应变、绝缘特性、硬度、润滑性等。

塑料制品在成型过程中表面常残留有油等杂质。考虑到塑料和涂料的结构，以及塑料的表面状态等影响二者的黏附，所以塑料制品在涂覆前必须进行表面预处理。主要是进行表面除油、脱模剂等杂质和塑料制品表面的活化处理。塑料表面的清洁除油处理一般采用有机溶剂或碱性水溶液等有机物。

经预处理过的或不需预处理的塑料制品的涂装操作方法可采用刷涂或喷涂等工艺。涂料主成分大多是合成树脂、颜料和稀料等添加剂。为防止有机涂料涂装时对环境的污染和降低成本，研制开发了水性涂料、粉末涂料等，正向无有机溶剂的涂料发展。

根据需要调整涂装工艺使涂层具有一定的厚度。涂装的前处理、涂装涂层及涂层干燥等工艺制度应根据塑料品种、涂料品种及设计要求优化操作条件、管理，以制出涂层符合要求的塑料制品。

有些塑料制品由于应用的需要，制品表面要求具有金属的一些特性，塑料电镀技术是塑料制品表面金属化常用的方法之一。由于塑料表面有一层金属，塑料制品表面不仅有金属光泽、美观，且耐磨性和表面硬度也有显著提高，制品耐潮湿、耐溶剂浸蚀，提高了使用寿命和商品价值。

常用的使塑料表面形成薄金属层的方法有电镀法、喷镀法、化学镀、真空蒸发镀膜等。电镀是形成金属镀层的主要方法。

经除油和杂质的塑料制品表面是不能直接进行电镀的，因为塑料一般是绝缘体，所以需先用化学浸镀镀上一层金属物质如金属铜等，或在塑料表面掺入薄层石墨或金属粉等以形成导电层，这样处理后才能进行电镀。电镀后按镀层的表面状态可分为镜面和粗面镀层两种。镀层金属常用的有铜、铝、银、金、锡等及合金。不同金属镀层具有不同的颜色和特性，可根据应用需要选择。

Q&A:

（4）软体家具制作工艺

软体家具主要指用织物、皮革、海绵、羽绒、棉花、软质合成纤维等材料制成的像沙发、座椅、床垫等外形具有不定性和可塑性的一种家具类型。

当代软体家具制造工艺有多种，视家具品种和使用的材料类型而定。如用弹簧或弹簧＋海绵为软体材料的制作工艺不同于单纯用海绵的，床垫制作已区别于沙发制作并成为一种专门技术。

单纯用海绵作为软体材料的软体家具制作的工艺流程如下（图4-50）：

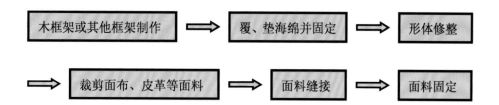

图 4-50 海绵软体家具制造工艺流程

a. 用木框架或其他类型的框架塑造家具的大体形象，并充分考虑家具的受力情况，使支撑部位、受力较大的部位均有框架承担。

b. 按照设计的形状要求和尺寸要求裁剪海绵，并通过修切、黏贴等手段对海绵的形状进行精确修整，用胶黏剂将海绵固定在框架上或者直接将海绵铺放在框架上。

c. 设计面料的组合方式并裁剪面料，按软体部位将面料缝接成整体。

d. 将面料固定在框架上，最后的收口处理应选择在使用时的不可见部位（如沙发的后背部）或次要部位。

单纯用海绵作为软体材料的软体家具的制作，也可以采用"积木"式构造，即用面料将海绵包覆成一个个单独的软体，再用布绳（带）、尼龙绳（带）等将这些软垫固定在框架上。

用弹簧和海绵相结合来制作软体家具是一种经典传统工艺类型。其制作工艺流程如下（图4-51）：

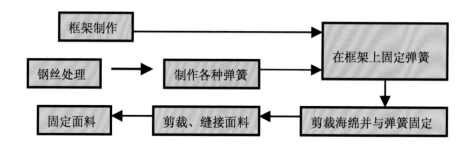

图 4-51 弹簧＋海绵制作软体家具流程

4.3.2 家具产品的工艺形态

家具产品的工艺形态是指家具的加工工艺所成就的家具外观形态。

（1）家具生产工艺及其外在形态表现

由于家具所选材料的不同，其生产工艺也是各不相同的。而不同的生产工艺就会产生不同的形态。即使是同一种材料，由于生产工艺不同，所形成的形态也存在不同程度的差异。如同一段原木，由于加工工艺中的切割方式不同，就会产生不同的纹理效果。又如同样功能、同样结构、同样材料的两件家具，因为加工工艺中的涂饰不同，就会造成家具形态之间产生差异，如图4-52所示。

（2）家具形态特殊工艺

家具的特殊工艺所形成的家具外观形态，也是数不胜数。

人造板表面覆贴薄木皮，可以是普通覆贴，也可以拼花覆贴，家具表面截然不同，如图4-53所示。

图4-52 由于涂饰的不同所产生的形态差异

图4-53 家具表面贴面工艺形成家具表面外观

皮革、织物采用不同的缝接工艺，其皱折与肌理相差很大，有的规整直白，有的则风情万种，如图 4-54 所示。

玻璃通过截锯、雕刻、喷砂、化学腐蚀等艺术处理，能产生透明和不透明的视觉效果，其对比关系也能形成各种图案装饰，如图 4-55 所示。

而且，家具工艺的不断发展，也会促进新的家具工艺形态的出现。

图 4-54 缝接工艺形成的家具外观

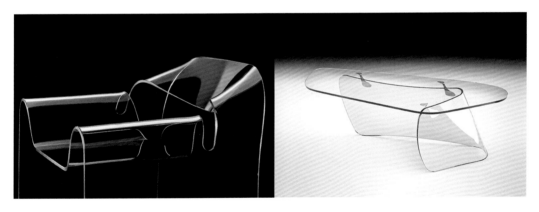

图 4-55 玻璃工艺形成家具工艺形态

Q&A:

5

家具设计的表现形式

模型表现
画图表现
家具产品的使用表达

Furniture
Design

家具造型设计的表现形式是指直观地表现家具设计思想、概念以及具体设计的一种视觉传达形式。它既是直观地表现设计思想的方法，同时也可以是设计思想深化及再创造的方法。它不仅有利于对设计做进一步深化，而且这种直观的视觉效果方便了设计者与其他人进行沟通与交流。

根据表现的状态，家具造型设计的表现形式大致可以分为两类：一类是立体表现形式，即制造立体模型；另一类是平面表现形式，也就是绘制各种图形，如设计构思初期画的草图、透视效果图等。

5.1 模型表现

制作产品模型可以弥补平面图纸设计中不能解决的许多空间方面的问题，通过三维的立体形象，设计对象更直观具体，可以从各个不同角度去观察产品造型上的各种关系，如局部与整体的空间关系，可以更确切地去了解设计中所体现的人机工程学的原理、材料与结构的关系等。同时，通过深入分析产品的造型、功能，以及使用生产上可能出现的有关问题，产品设计会更加合理。

于相互比较和评估。研讨性模型一般选择易加工成型的材料制作，如纸材等。

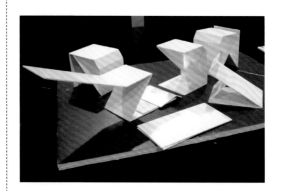

5.1.1 家具模型的种类

（1）根据家具造型设计过程中的不同阶段和用途分类

① 研讨性模型。

研讨性模型又称粗胚模型或草模型（见图5-1）。这类模型，是设计者在设计初期阶段，根据设计的构思，对家具各部分的形态、尺度、比例进行初步的表现，使之作为设计方案研讨的实物参照，为进一步深化设计奠定基础。

研讨性模型主要采用概括的手法来表现家具的大体形态特征，以及家具与人和环境的关系等。研讨性模型强调表现家具造型设计的整体概念，可以作为反映设计概念中各种关系变化的参考。

研讨性模型的特点：粗略的大致形态，大概的尺度和比例；没有细部装饰和详细的色彩计划；为了设计构思的展开，常做出多个方案模型，以便

图 5-1 研讨性模型

图 5-2 功能性模型

  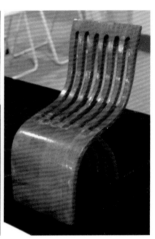

图 5-3 表现性模型

② 功能性模型。

功能性模型主要用来表达和研究家具的功能与结构、构造性能与机械性能以及人机关系等（见图 5-2）。同时它也可作为分析、检验家具产品的依据。功能性模型的组件尺寸、结构关系，都要严格按设计要求进行制作。

功能性模型注重对家具产品的功能特征、结构特征、人机关系的表达，而对家具产品的外观表现没有过多要求，目的是为了更加准确地分析、检测家具产品在功能、结构、人机关系方面的合理性。通过对功能性模型机能的各种试验，测出完整的数据，以作为继续完善设计的依据。

③ 表现性模型。

表现性模型是用来表现家具产品最终真实形态、色彩、表面材质等主要特征的模型（见图 5-3）。它是采用真实的材料、严格按设计的尺寸进行制作的实物模型，几乎接近实际的家具产品，并可成为家具样品进行展示。

表现性模型可用于制作宣传广告，把家具形象传达给消费者。同时，帮助设计师研讨制造工艺，估计模具成本，进行小批量的试生产。因此，表现性模型是介于设计与生产制造之间的实物样品。但是，表现性模型在机能的表达方面，则不如功能性模型。

（2）根据常用材料分类

① 纸模型。

纸模型一般用于制作产品设计之初的研讨性模型。纸模型的特点是取材容易，重量轻，价格低廉，可用来制作平面或立面形状单纯、曲面变化不大的家具模型。同时可以充分利用不同纸材的颜色、肌理、纹饰，而减少繁复的后期表面处理。纸模型的缺点是不能受压、受潮，容易产生变形。如果要做大尺度的纸模型，应在模型内设置支撑骨架，以增强其受力强度，如图5-4所示。

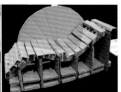

图 5-4 纸模型家具

② 木模型。

木材由于强度好，易加工，不易变形，运输方便，而被广泛地运用于家具模型制作中。尤其是木质家具产品模型更适合用木材制作，木模型更能从感官、性能方面反映出木质家具产品的真实状态，为木质家具产品设计的评估提供更加准确的依据，如图5-5所示。同时，由于木材获取方便，易加工，也经常作为制作其他模型的补充材料。

图 5-5 木模型家具

③ 金属模型。

在模型制作中，金属经常作为辅助性材料，如定型材料、支撑材料等。与木材一样，体积大、形态复杂的金属材料模型及零件的加工需要较为完善的加工设备和专业化的车间。金属材料具有高强度、高硬度、可焊、可锻、易涂饰的特点，常用来制作结构和功能性模型，或表现性模型，如图5-6所示。由于金属模型不易加工，不易修改，易生锈，形体笨重，不便运输等缺陷，因此对于一些金属家具产品模型，常使用涂饰金属漆的纸板材模拟金属效果。

图 5-6 金属模型家具

5.1.2 家具模型的特点

家具模型制作并不是单纯为了再现外观、结构造型。模型制作的实质是体现一种设计创造的理念、方法和步骤。在制作模型的过程中认识、理解关于设计的各种问题，为最终寻求设计答案提供更可靠的依据。因此，模型制作是一种综合的创造性活动，是新产品开发过程中不可缺少的环节。家具模型具有以下特点。

① 说明性。

以三维的形体来表现设计意图，用一种实体的语言对设计的内容进行说明，这是模型的基本功能。家具模型的说明性使它能准确、生动地诠释出家具产品的形态特征、构造性能、人机关系、空间状况等。

图 5-7 家具模型是一种设计语言

② 启发性。

在模型制作过程中，通过对客观的形态、尺寸、比例等相关因素进行反复地推敲，灵活地调整思路，以达到启发新构想的目的。家具模型的启发性，反映出家具模型是设计师不断改进设计的有力依据。

③ 可触性。

模型是可以触摸的实体，能从触觉方面反映出家具产品的形体特征。以合理的人机工学参数为基础，对模型的可触性进行分析，探求感官的回馈、反应，从而追求更加合理化的设计形态。

④ 表现性。

模型以具体的三维实体、准确的尺寸和比例、真实的色彩和材质，从视觉、触觉上充分表现出家具产品的形态特征，以及家具与环境的关系。家具模型的表现性使人能真实感受到家具产品客观存在的状态。

总之，家具模型制作提供了一种实体的设计语言，提供了更精确、更直观的感受。家具模型能使设计者与消费者产生共鸣，使整个产品开发设计程序有机地联系在一起，如图 5-7 所示。

Q&A:

5.1.3 家具模型制作的原则

① 合理选择造型材料以提高效率。

关于家具模型制作，根据不同的设计要求来选择相应的制作材料是极为重要的。在不影响表现效果的情况下，一般选择易加工、强度性能好、表现效果丰富、成本低的材料。如用涂饰金属漆的纸板材料模拟金属效果。

② 合适的模型尺寸。

当选择模型制作的比例时，设计师必须权衡各种要素，选择合适的比例。1：1的原样比例最逼真。有些场合需要采用放大的比例，用以反映细微和精致处。而选择较小的比例，可以节省时间和材料，但太小的比例模型会失去许多细节。因此，谨慎选择一种省时而又能保留重要细节的比例，而且能反映模型整体效果，是非常重要的。

③ 再现设计效果。

模型制作的整个过程都应该以再现设计效果为目标，都应该根据设计效果的需要，来组织、安排模型的空间关系、比例关系、功能关系、结构关系等。再现设计效果的思想，使每个制作环节能有机联系成一个整体。

总的来说，家具模型制作没有固定的法则，皆以表达设计意图为本。模型制作是设计师的基本技能之一，通过长期的实践，每个人都会掌握一种最适合自己的制作模型的技巧。

5.2 画图表现

图画表现是指在二维平面中表现三维立体的形象特征，因而具有典型的绘画属性。但是，家具造型设计中的图画不同于单纯的绘画，确切地讲，它应该是家具设计工程图，比单纯的绘画更具有明确、具体的现实意义。图画表现只是一种表现设计意图的手段，设计是根本、是实质，因此脱离了设计意图去纯粹追求绘画艺术效果的倾向是不正确的。但是，这并非否定绘画技巧本身的重要性；恰恰相反，对绘画技巧的全面掌握与正确应用，是表达设计意图的重要前提条件。

就空间感、具体性以及直观程度而言，图画表现是不如模型表现的，但是在灵活性、快捷性、多样性以及艺术性方面，图画表现则更胜一筹。

根据在设计过程中发挥的不同作用，家具造型设计的图画表现形式主要可以分为以下几种：设计草图，效果图，结构装配图和零、部件图。

5.2.1 设计草图

家具设计草图是设计者在设计初期阶段，根据设计的构思，对家具的形态、尺寸、比例进行初步表现的一种图画表现形式。设计草图作为设计方案研讨的参照，为进一步深化设计奠定基础。家具设计草图不但是设计者设计思想深化及再创造的依据，而且是最快捷的表现设计思想的方法。类似结构素描的特点，以强调形态、比例、位置关系、空间构成等为主，为使表现更为充分，常根据设计意图辅以基本的色彩表现。

根据表现的内容，设计草图主要分为以下两种。

（1）表现家具整体形态的设计草图

如图 5-8 所示的设计草图能快捷、大体地表现出家具的结构、功能、色彩、材料等构成的家具整体形态，其局限是对家具造型设计的细节性有忽略。

（2）表现家具局部形态的设计草图

如图 5-9 所示，这种设计草图能概括出家具的局部装饰、连接方式等家具的局部形态。它所涉及的局部形态，是对家具造型设计的细节性问题的初步探索，与表现家具整体形态的设计草图形成互补的关系。因此，只有两种设计草图同时存在于一个设计文本中，才能全面概括出家具造型设计初期的构思。

设计草图在表现方式上不拘一格，图形、文字、数字等都可以作为传达设计意图的载体，它们都表现出设计草图在表现方式上的灵活性。

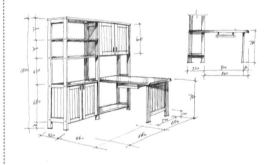

图 5-8 表现家具整体形态的设计草图

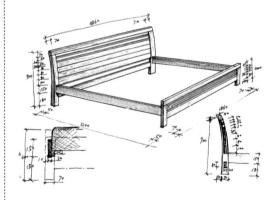

图 5-9 表现家具局部形态的设计草图

5.2.2 效果图

在图画表现形式中，效果图是设计者与他人进行沟通、交流的最佳形式之一，它的直观程度超过了图画表现的其他形式。根据表现技法的不同，常见的家具设计效果图有以下几种。

（1）水彩效果图

如图 5-10 所示，水彩是透明颜料，水彩画的特点是淡雅、明快，具有很强的表现力。画水彩效果图要选尺寸合适的专用水彩纸，纸质较粗的一面为正面，而且要把水彩纸裱在画板上，画板可选用木制绘图板。水彩效果图起稿的原则是先在草稿纸上绘制准确之后，再用硬铅将底稿复制在水彩纸上，使水彩纸面保持整洁。水彩效果图上色的原则一般是先浅后深、先远后近，有些面与体需要多次反复的染色才能达到预期效果，如表现暗面时就需要多次上色。

（2）水粉效果图

如图 5-11 所示，水粉的特点是覆盖能力强，能精细表现出家具设计的细部特征，这是水彩所不及的。可选尺寸合适的专用水粉纸，也可以选择卡纸，而且要把纸裱在画板上。由于水粉的覆盖能力强，起稿后画面的整洁度可以不作过高要求。但是，水粉的透明性不及水彩，因此上色时一般是由深入浅。尽管水粉的覆盖能力好，也不应落笔轻率，能一次完成就一次完成，反复涂改会产生灰脏混浊的色彩效果。水粉上色时经常会把部分轮廓线覆盖，因此收尾时要将轮廓线进行修正。

（3）马克笔效果图

如图 5-12 所示，马克笔是快速表现技法中比较常用的绘画工具，它具有着色简便、笔触叠加后色彩变化丰富的特点。马克笔属于油性笔，它的颜色有上百种，它的另一个特点是在纸张的使用上比较随意。马克笔的作画步骤与水彩技法很相近，先浅后深。在阴影或暗面用叠加的办法分出层次及色彩变化。也可以先用一些灰笔画出大体阴影关系，

图 5-10 水彩效果图

图 5-11 水粉效果图

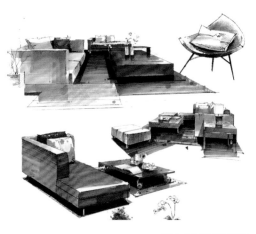

图 5-12 马克笔效果图

然后上色。马克笔在运用前必须做到心中有数，因为其不宜修改，也不宜反复涂改。落笔力求准确生动，能一次完成就避免多次完成。

（4）彩铅效果图

如图 5-13 所示，彩铅也是快速表现技法中比较常用的绘画工具，它不仅具有马克笔的绘画优点，而且具有易修改的铅笔特点。彩铅有水性和油性两种，常用于效果图绘制的是水性彩铅。水性彩铅的颜色种类比较丰富，而且对纸张的选择也无过多要求。彩铅的作画步骤与铅笔素描很相近，也是由深入浅。笔触可粗可细，既可表现大体明暗，又可刻画局部细节。而且，水性彩铅可溶于水，必要时还可用湿毛笔进行渲染，以淡化笔触。

图 5-13 彩铅效果图

（5）计算机效果图

如图 5-14 所示，计算机效果图不同于以上四种手绘效果图。它是以计算机以及计算机中的绘图软件作为工具，通过输入命令与数据来绘制效果图。而常用的绘图软件有 3D MAX、AutoCAD、Photoshop、CorelDRAW 等等。优秀的计算机效果图首先取决于成功的构思和出奇制胜的设计方案，它是设计者综合能力的集中表现。而要有效表达这种能力和传达设计意图，则需要对计算机以及相关的绘图软件进行熟练的掌握。

图 5-14 计算机效果图

（6）综合技法效果图

如图 5-15 所示，根据效果图表现技法的不同特点，一张效果图可以结合多种表现技法，各种技法扬长避短以达到效果图的最佳效果。如水彩与彩铅结合，先用水彩渲染大色，然后用彩铅表现某些细部或材料质感，能充分发挥两种工具的特性，又避免了各自的弱点。又如水彩与马克笔结合，马克笔有快速简捷的优点，但不便于涂大面积，因此可以先用水彩画出大体颜色，然后用马克笔刻画细部以加强重量感、材质感。甚至可以将手绘效果图输入计算机中，通过相关绘图软件的处理，使它们之间相互补充以实现最佳效果。

图 5-15 综合技法效果图

5.2.3 结构装配图

在图画表现形式中,结构装配图是最理性的表现方式,它是设计者与专业人士(主要指制作者、维修者等)进行沟通、交流的最佳方式。结构装配图应根据设计对象的结构特点、材料特点、工艺特点,并按照业内的相关标准格式来制图,使其他专业人士能准确、详细地理解图纸所传达的技术内容。

为了传递准确的技术内容,结构装配图主要包括以下几个方面的内容。

(1)视图

结构装配图中的视图包括基本视图、特殊方向的视图,以及针对个别零件和部件的局部视图等,如图 5-16 所示。基本视图除了要反映不同方向上物体的外形以外,还力图反映内部结构,因此基本视图很多时候都以剖视图的形式出现,而且剖视图还要尽最大可能把内部结构表达清楚,特别是连接部分的结构。

(2)尺寸

结构装配图是家具制造的重要文件,除了表示形状的图形外,还要把它的尺寸标注详细。做到所需要的尺寸一般都可以在图上找到。尺寸标注要包括以下几个方面。

a. 总体轮廓尺寸,即家具的规格尺寸,指总宽、深和高。如图 5-17 所示,餐桌宽 700 mm,深 380 mm 和高 1685 mm。

b. 部件尺寸,如抽屉、门等(见图 5-18)。

Q&A:

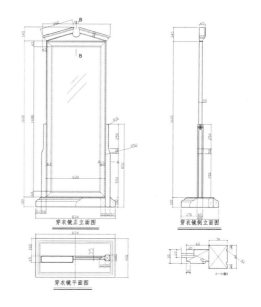

图 5-16 穿衣镜的结构装配图

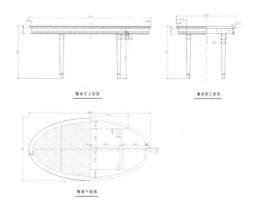

图 5-17 餐桌的结构装配图

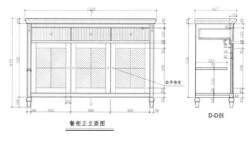

图 5-18 结构装配图中的抽屉、柜门尺寸

c. 零件尺寸，方材要首先标注出断面尺寸，板材则一般要分别标注出宽和厚（见图 5-19）。

d. 零件、部件的定位尺寸，指零件、部件相对位置的尺寸，如图 5-20 所示中层板的定位。

尺寸标注也不是随心所欲的，"尺寸基准"是家具图样中一个非常重要的概念。所谓的尺寸基准，就是在测量家具时或者进行家具生产加工时，进行计量的起始位置和作为参照系的尺寸点。如图 5-21 所示，表示桌高从地面到桌面进行测量，标注为规格尺寸所要求的尺寸 A，桌面下方横撑的安装位置由桌面位置决定，离桌面的距离为 C。测量、生产过程中的尺寸误差存在于桌腿的下部。在这里，地面、桌面顶面分别是测量基准和生产过程中的安装基准，对应于这两个位置的尺寸线称为尺寸基准线。

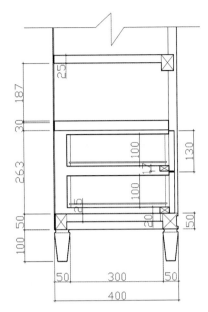

图 5-19 结构装配图中的剖视图局部

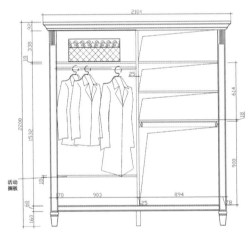

图 5-20 衣柜的结构装配图的局部

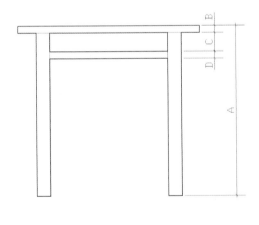

图 5-21 体现尺寸基准的结构装配图

Q&A:

（3）零、部件编号和明细表

为了适应工厂的批量生产，随着结构装配图等生产用图纸的下达，同时还应有一个包括所有零件、部件、附件等耗用材料的清单，这就是明细表（见图5-22）。明细表常见内容有：零件与部件的名称、数量、规格、尺寸，如果用木材还应注明树种、材种、材积等，此外还有相关附件、涂料、胶料的规格和数量。

为了方便在图纸上查找与明细表相应的零、部件，就需要对零、部件进行编号。编号用细实线引出，线的末端指向所编零、部件，用小黑点以示位置（见图5-23）。

（4）技术条件

技术条件是指达到设计要求的各项质量指标，其内容有的可以在图中标出，有的则只能用文字说明（见图5-24）。

共 1 页		净 料 规 格 表			2005 年 12 月 27 日	
图 号	名 称	主 要 规 格		（mm）	单 位	
03-01	鞋 柜	1202×420×922				
序号	材料	部件名称	规 格（mm） 厚 宽 长	单位	数量	净 料	注明
1		面 板	50 420 922		1		
2		侧 板	25 268 1020		2		
3		层 板	20 330 810		4		
4		门 板	25 220 736		4		
5		挡 板	20 60 740		4		
6		方 腿	50 60 1152		4		
7		背 板	3 740 1052		1		
8		拉 方	50 60 268		2		

图 5-22 明细表

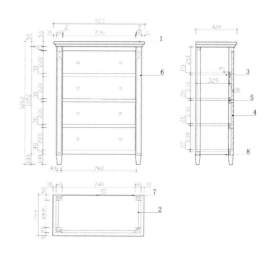

图 5-23 零、部件的编号

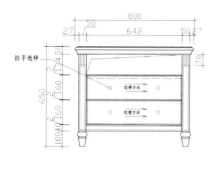

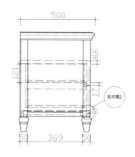

注1：所有线型同梳妆台线型。

注2：无底板，但柜体下部作成框，再用枪钉将5mm的中密度板与框连接。

图 5-24 直接在图中标出技术条件

5.2.4 零、部件图

结构装配图由于受整体结构、图纸型号等因素的影响，很难将家具所有的零、部件表示清楚。因此，就需要在结构装配图以外的图纸上，针对性地绘制家具的零、部件，以完善设计信息的传达。而这种表现家具零件与部件的图纸，就被称为零件图与部件图。

（1）零件图

零件图是为了加工零件用的，从设计上应满足家具对零件的要求，如形状、尺寸、材料、工艺等。从加工工艺上则应该便于看图下料，进行各道工序加工，因此视图的选择还要符合加工需要。如图 5-25 所示为某椅子的一只脚，轴线水平放置就是为符合加工位置需要（如车削和打眼）。为了简化图画，可以在不致引起误解的情况下，简化某些交线，图 5-25 就可以简化成图 5-26。

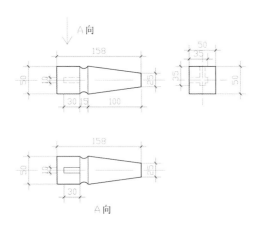

图 5-25 表现椅脚的零件图

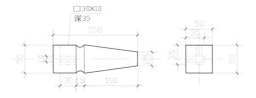

图 5-26 经过简化的椅脚零件图

（2）部件图

家具部件是指构成家具的一个组成部分，如脚架、抽屉等。部件通常由若干个零件组成。因此，部件图与结构装配图一样，也要绘制出这个部件内的各个零件的形状大小和它们之间的装配关系、标注部件的装配尺寸和零件的主要尺寸，必要时也要标明技术要求。部件图的绘制方法与结构装配图相同，可以采用视图、剖视图、剖面图等一系列表达方法，包括采用局部详图等。图 5-27 为某家具的抽屉部件图。

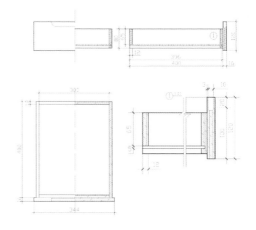

图 5-27 抽屉部件图

Q&A:

5.3 家具产品的使用表达

工业产品使用说明书是交付产品不可缺少的组成部分，产品使用说明书不仅能指导用户选择产品，正确使用产品，更重要的是保证使用安全。因此，产品使用说明书的质量与产品实物质量有着同等的重要性和严肃性。

家具作为一种工业产品，也应该具有产品使用说明书。家具产品使用说明书能引导消费者如何选择家具，如何使用家具，以及保证使用安全。而且，家具产品使用说明书强制性地要求家具生产企业和经销商必须提供给消费者真实的、可核实的产品信息，要求企业生产必须有标准所依。因此，家具产品使用说明书也间接地推动家具行业标准体系的建立。

家具产品的使用表达主要是通过家具产品使用说明书实现，家具产品使用说明书必须包括家具的规格、结构、使用、材料、性能、安装、保养、生产日期、主要技术参数等一系列完整、可靠的产品信息。而且，家具产品使用说明书必须选择图文并貌、通俗易懂的表达方式，既要传达详细的产品信息，又要方便非专业人士对产品信息的掌握。

5.3.1 家具产品使用说明书的主要内容

家具产品使用说明书的内容，由国家质量监督检验检疫总局、国家标准化管理委员会联合于2004年1月16日发布，并自2004年10月1日起正式实施。有关部门规定，所有在市场销售的家具都必须配备使用说明书，其中必须注明主要原辅材料的名称、特性、等级、产地等，对家具材料、涂料中实际含有的有毒或放射性物质等控制指标给予说明，同时要标明甲醛等有害物质的确切含量。

一张标准的家具产品使用说明书，主要包括10个方面的内容。

（1）概述

概述是对家具产品基本情况的简要说明。概述应该体现以下内容：家具的名称，主要用途及适用范围（必要时包括不适用范围），品种、规格，型号及其组成含义，使用环境条件，对环境的影响，质量级别，执行的标准编号，生产日期。

（2）结构特征与使用原理

对家具产品结构特征与使用原理的了解，是系统化掌握产品性能的前提与基础。家具产品结构特征与使用原理包括：总体结构及其使用原理、特性，主要部件或功能单元的结构、作用及其使用原理，各单元结构之间的联系、系统工作原理，辅助装置的功能结构及其工作原理、工作特性。

（3）技术特性

对家具产品技术特性的了解，有助于科学、系统地认识家具的结构、材料、使用原理等。家具产品的技术特性包括主要性能和主要参数两大类。主要性能是指家具的结构性能、材料性能、工作性能等。而主要参数是指与主要性能相关的几何参数、物理参数以及化学参数等。

（4）尺寸

了解家具产品的尺寸，有利于正确地使用家具。首先，必须有对家具产品外形尺寸的体现，这样能引导消费者根据已有的空间尺寸来选择合适的家具。其次，必须有对安装尺寸的体现，这样有利于家具产品的正确安装，以及为以后的产品维护提供尺寸依据。

（5）材料

家具所用材料、涂料含有毒物质或放射性的必须在国家有关规定允许范围内，但使用不当仍会对消费者产生不利影响时，使用说明书中必须写明所用材料信息、使用注意事项、防护措施等内容。对所用材料信息的体现必须包括以下内容：主要原辅材料（如基本材料、表面装饰材料、装填料）的名称、特性、等级、产地、使用位置等，涂料及黏合剂名称及有关情况；有害物质的控制指标。

（6）安装、调整

家具的安装与调整是家具产品说明书必须具备的重要内容之一。它能指导安装人员、用户运用正确的方法安装家具，以实现家具的真实形态与使用功能。在家具产品说明书中，所传达的安装、调整信息，应该包括以下内容：安装条件及安装的技术要求，安装程序、方法及注意事项，调整程序、方法及注意事项，安装、调整后的验收试验项目、方法和判据。

（7）使用

指导用户如何正确地使用家具，也是家具产品说明书必须具备的重要内容之一。首先，应该传达正确的使用方法，这样更能帮助用户合理、有效地使用家具，以及详细地了解家具功能。其次，必须对注意事项及容易出现的错误使用进行系统描述，并且提供有效的防范措施。

（8）故障分析与排除

在家具的使用过程中，由于安装、使用的方法不恰当以及使用的年代过久等原因，会出现或多或少的故障现象。对此，必须在家具产品使用说明书中，对有可能出现的故障现象进行分类描述，并对故障原因进行系统分析，还应该提供有效的排除方法。

（9）保养

为了确保家具的使用正常以及延长家具的使用寿命，就必须对家具进行保养。因此，在家具使用说明书中，应该提供完整的家具保养方法。家具的保养方法可以分为三类：日常保养方法，定期保养方法，长期不用时的保养方法。

（10）其他

在家具产品说明书中，还应该包括以下内容：搬动、运输注意事项，贮存条件及注意事项，开箱注意事项，生产厂家保证、售后服务事项，企业名称、生产者名称，进口代理商和经销商名称及地址、邮政编码、电话、电子信箱等。

5.3.2 图文并貌的表达方式

国家强制性标准"家具使用说明"，由三部分构成：一是标签，二是标牌，三是说明书。其中最重要的是说明书。

家具产品使用说明书是消费者如何选择家具、如何使用家具的重要依据。如果家具产品使用说明书的内容不详细、表述不清晰，或者专业性太强，都会妨碍产品信息的传达。因此，家具产品使用说明书的表现，应该选择图文并貌、通俗易懂的表达方式，以方便非专业人士对产品信息的掌握。

（1）文字的表达

① 文字。

供给国内用户的家具必须提供中文使用说明。同时具有中文和外文说明的使用说明，中文标题要醒目、突出，中英文说明必须能明显区分。中文使用说明必须采用国务院正式公布、实施的简化汉字。销往国外或香港、澳门、台湾地区家具的使用说明，如顾客要求可使用繁体字。出口家具必须提供所销售地区官方语言文字编写的使用说明。当需要提供一种以上语种的使用说明时，各语种之间必须能明显区分。而且，译文要准确，必须由有权威的语言专家和技术专家完成翻译的全过程，包括审核。

② 表述。

使用说明内容的表述应采取有利于消费者正确、迅速理解的方法、步骤，使消费者能快速掌握。对于复杂的操作程序，使用说明书应采用图示、图表和操作程序图进行说明，以帮助用户顺利掌握。内容较多或复杂的说明，应使用简明的标题和注释，帮助消费者从目次或有关条文或标准中快速找到所需内容。

（2）图、表、符号、术语的表达

① 编排。

使用说明书中的图、表应和正文印在一起，每一个图、表都要按顺序标出序号。引用前文中图、表时，应标出图号、表号，并注明其第一次出现时所在页码。使用说明书中的符号、代号、术语、计量单位必须符合最新发布的国家法令、法规和有关标准的规定，并保持前后一致。需要解释的术语必须给出定义。图示、符号、缩略语在使用说明书中第一次出现时应有注释。

② 准确性。

图、表、符号、术语具有直观、概括、易识别的特点，与文字表达形成互补关系，这样能更准确地传达产品信息。然而，过分强调产品说明书的视觉效果，而忽略图、表、符号、术语的准确性，就会严重妨碍产品信息的有效传达。因此，如何把握图、表、符号、术语的准确性具有十分重要的意义。实现它们的准确性，必须做到以下三点：表现手法要被公众普遍认同；表现内容要做到实事求是；表现形式要符合公众心理。

Q&A:

References

参考文献

[1] 何人可 . 工业设计史 [M]. 5 版 . 北京 : 高等教育出版社，2019.

[2] 李乐山 . 工业设计思想基础 [M]. 北京 : 中国建筑工业出版社，2007.

[3] 王受之 . 世界现代设计史 [M]. 北京 : 中国青年出版社，2007.

[4] 尹定邦，邵宏 . 设计学概论 [M]. 3 版 . 北京 : 人民美术出版社，2000.

[5] 刘文金 . 当代家具设计理论研究 [M]. 北京 : 中国林业出版社，2007.

[6] 田自秉 . 中国工艺美术史 [M]. 上海 : 东方出版中心，2018.

[7] 诺曼 . 设计心理学 [M]. 梅琼，译 . 北京 : 中信出版社，2010.

[8] 柳冠中 . 事理学方法论 [M]. 上海 : 上海人民美术出版社，2019.

[9] 程能林，何人可 . 工业设计概论 [M]. 北京 : 机械工业出版社，2018.

[10] 梁思成 . 中国建筑史 [M]. 北京 : 生活·读书·新知三联书店，2011.

[11] 杨耀 . 明式家具研究 [M]. 北京 : 中国建筑工业出版社，2002.

[12] 吴智慧 . 室内与家具设计（第二版）[M]. 北京 : 中国林业出版社，2012.

[13] 许柏鸣 . 家具设计 [M]. 2 版 . 北京 : 中国轻工业出版社，2019.

[14] 胡景初，戴向东 . 家具设计概论 [M]. 2 版 . 北京 : 中国林业出版社，2000.

[15] 李砚祖 . 艺术设计概论 [M]. 武汉 : 湖北美术出版社，2009.

[16] 刘文金 . 家具的概念形态与现实形态 [J]. 家具与室内装饰，2004（3）：47-49.

[17] 刘先觉 . 中国近现代建筑与城市 [M]. 武汉 : 华中科技大学出版社，2018.

[18] 梁梅 . 设计美学 [M]. 北京 : 北京大学出版社，2016.

[19] 王菊生 . 造型艺术原理 [M]. 哈尔滨 : 黑龙江美术出版社，2000.

[20] 唐开军 . 家具设计技术 [M]. 武汉 : 湖北科学技术出版社，2001.

[21] 赵巍岩 . 当代建筑美学意义 [M]. 南京 : 东南大学出版社，2001.

[22] 赵江洪 . 设计心理学 [M]. 北京 : 北京理工大学出版社，2011.

[23] 周玲 . 产品模型制作 [M]. 3 版 . 长沙 : 湖南大学出版社，2019.

[24] 林伟 . 设计表现技法 [M]. 北京 : 化学工业出版社，2012.

[25] 周雅南，周佳秋 . 家具制图 [M]. 2 版 . 北京 : 中国林业出版社，2016.

[26] 江功南 . 家具制作图及其制造工艺 [M]. 北京 : 中国轻工业出版社，2011.

[27] 李泽厚 . 美学四讲 [M]. 北京 : 长江文艺出版社，2019.

[28] 施夫曼 . 感觉与知觉 [M]. 李乐山等译 . 5 版 . 西安 : 西安交通大学出版社，2014.

[29] 江湘芸 . 设计材料与加工工艺 [M]. 北京 : 北京理工大学出版社，2000.

[30] 唐彩云 . 家具结构设计 [M]. 北京 : 水利水电出版社，2016.

Postscript

后记

承蒙大家的厚爱,《家具设计》自出版以来已陪伴大家多年。其间,家具设计思想、理念、方法经历了新的迭代,各种新的设计案例更是层出不穷。

为了反映这些新的变化,在出版社的大力支持下,编著者对本教材进行了较为全面的修订:力图反映家具设计理论研究和实践的最新成果,进一步梳理明晰设计思维线条,融入因审美取向的转变和生产技术升级进步所带来的设计技术和设计实践的变迁,更好地适应当代家具设计实务。

唐立华修订了本书的第一、第二、第四章,邓昕修订了第三、第五章,刘文金对本书进行了整体统筹和修改,研究生汪蒸珂、王玲伟、王诗阳、朱逸民、黄红叶参与了全书的插图整理工作。

由于编著者水平有限,加之设计理论研究成果层出不穷,书中难免有许多错误、不足之处,恳请读者批评指正。

期望修订后的教材继续得到大家的支持!

编著者

2020 年 8 月